园林绿化

主编／肖 艳

湿地水生植物

挺水植物

沉水植物

漂浮植物

浮叶植物

海生植物

SPM 南方出版传媒

广东科技出版社｜全国优秀出版社

·广 州·

图书在版编目（CIP）数据

园林绿化湿地水生植物 / 肖艳主编 . —广州：广东科技出版社，2017.3
ISBN 978-7-5359-6695-7

Ⅰ . ①园… Ⅱ . ①肖 Ⅲ . ①水生植物—普及读物 Ⅳ . ① Q948.8-49

中国版本图书馆 CIP 数据核字（2017）第 062006 号

园林绿化湿地水生植物 Yuanlin Lühua Shidi Shuisheng Zhiwu

责任编辑：尉义明
责任印制：彭海波
责任校对：蒋鸣亚
装帧设计：柳国雄
出版发行：广东科技出版社
　　　　　（广州市环市东路水荫路 11 号　邮政编码：510075）
http://www.gdstp.com.cn
E-mail：gdkjyxb@ gdstp.com.cn（营销）
E-mail：gdkjzbb@ gdstp.com.cn（编务室）
经　　销：广东新华发行集团股份有限公司
印　　刷：广州市岭美彩印有限公司
　　　　　（广州市荔湾区花地大道南海南工商贸易区 A 幢　邮政编码：510385）
规　　格：787mm×1 092mm　1/16　印张 10　字数 230 千
版　　次：2017 年 3 月第 1 版
　　　　　2017 年 3 月第 1 次印刷
定　　价：49.80 元

《园林绿化湿地水生植物》

编委会

主　编：肖　艳

编　写：黄建昌　冯颖竹　范存祥　付　阳　郭燕华

　　　　王灵艳　曾令达

摄　影：黄　迎

序言

别样风光，在水一方。

迷人的湿地，神奇的水域；育万物葱茏，润沃土富庶。这里"苔竹素所好，萍蓬无定居。"这里"浮香绕曲岸，圆影覆华池。"

"参差荇菜，左右流之。""彼泽之陂，有蒲与荷。"睡莲静卧，守望碧水泓澄；月光倾洒，映染碎影微澜。芦苇、水烛、香蒲、垂柳，千姿百态，婀娜摇曳，斑斓了自然；沉水、挺水、浮叶、漂浮，浅唱低吟，错落有致，旖旎成春秋。抒情的枝蔓，飘逸的芬芳，任暗香疏影迷醉汀洲烟雨，凭墨色彩笔缱绻岭南诗意……

"低枝亚水翻秋月，丛昙含霜弄晚烟。更爱赤栏桥上望，文鳞花低织清涟。"都说柔情似水，水木清华，步入海珠湿地，您可尽情感悟那流动的生命怎样弹拨生态的韵律，编织水世界的文化与传奇。

——夏志兰 书
2016 年夏于广州

前言

　　水生植物是一群生活在多水环境的高等植物，其所表现的适应性与旱生植物截然不同，因而近年来逐渐引起社会大众的兴趣。

　　水生植物以其洒脱的姿态、优美的线条、繁多的色彩、醉人的芳香，构成湿地美景的重要部分，同时还有调节气候、涵养水土、改善环境等生态价值。为摸清海珠湿地水生植物资源种类，科学开展湿地保护研究工作，使广州"绿心"更好地为城市、经济、社会发展服务，同时为了广大游客和园林爱好者在海珠湿地更好地欣赏水生植物、了解水生植物、保护城市生态环境，我们在广东省科普计划及广州市科普计划的资助下对海珠湿地及周边地区的水生植物进行了广泛调查，精选了近百余种有较高观赏价值、生态价值和岭南水乡文化的代表植物，以通俗易懂、图文并茂的方式编写了《园林绿化湿地水生植物》。书中部分图片及材料由海珠湿地管理办公室提供，夏志兰老师特地为本书写序，在此一并深表感谢。

　　本书在介绍水生植物知识的基础上，按湿地景观规划介绍了漂浮植物、沉水植物、浮叶植物、挺水植物、湿生木本植物和海生植物等六大类水生植物。每种植物分别介绍其中文名、拉丁学名、别名、科属、形态特征、分布习性、

生态用途等，并配有精美图片，供读者对照图片辨识和借鉴的同时，还可以学习植物与生态的相关知识。

由于编写时间仓促，书中疏漏之处在所难免，敬请读者指教。

编　者
2017 年 1 月于广州

目录

认识水生植物

水生植物图鉴

一、漂浮植物

二、沉水植物

三、浮叶植物

认识水生植物

我国水域面积广大，湖泊、河流众多，仅内陆水体面积就有 19.2 万千米^2，约占国土总面积的 1/50，水生植物资源非常丰富，仅高等水生植物就有 300 多种。

我国水生植物的栽培有着悠久的历史，明末计成撰写的《园冶》中结合水生植物的水景也散见全书。清代陈淏子《花镜》中对荷花、慈姑、菖蒲、菱等水生植物已有详细的记载。在我国，石菖蒲属植物栽培和应用的历史颇早，在《左传》和《诗经》中已有记载，早期多为药用，后来观赏栽培逐渐发展起来。近年来，随着水生花卉业和生态观光农业的发展，香蒲、石菖蒲、水芹等已逐步成为广泛应用的园林水景绿化观赏植物和湿地景观绿化的重要材料。

在其他国家，观赏水生花卉也有着悠久的历史与习俗。古埃及人把睡莲作为太阳的象征来崇拜，因而睡莲成为各种祭典和礼仪活动的重要饰品。印度佛教"七宝莲花"中的 5 种为睡莲，2 种为荷花。在 16 世纪，意大利人开始用睡莲做公园的水景主题材料。而在发现王莲后，人们对水生植物的兴趣则更浓了，1849 年水生植物的应用达到第一个繁盛期。此后，热衷于水景园的富有人家开始狂热地种植水生植物，竞相寻找观花的珍贵品种。

如今，水生植物已被广泛应用于水景园、野趣园的营造，随着人工湿地污水处理系统应用研究的深入，人工湿地景观也应运而生，成为极富自然情趣的景观。而容器栽培的迷你水景花园的出现更是让都市居民的阳台或平台也成了轻松有趣、令人赏心悦目的好地方。

那么，什么是水生植物呢？它们和陆生植物有什么不同？水生植物在生态上有何作用？

什么是水生植物

水生植物通常是指生长在水里的植物，比陆生植物更依赖水，它们并不是单指某一类群的植物，而是泛指所有生长在水中的植物，如植物体完全沉浸在水中的苦草、叶漂浮在水面的睡莲、植物体完全漂浮在水面的浮萍及植物体部分伸出水面的荷花，都是典型的水生植物代表。

除此之外，还有一群植物被称为湿生植物，虽然它们的茎、叶并不会浸泡在水里，但是因为根部生长在潮湿的土壤中，因此常被归为水生植物。而本书采用的是一般意义的水生植物的界定范围，指生长在水中或潮湿土壤中的植物，包括草本植物和木本植物。

水生植物的分类

在园林中，对水生植物的分类按其生活习性、生态环境，可分为漂浮植物（浮水植物）、沉水植物（观赏水草）、浮叶植物（浮叶花卉）、挺水植物（挺水花卉）、沿岸耐湿的乔灌木及海生植物（红树林）等。

此外，根据水生植物的实用特点和特性，又可以将其分为食用水生植物、景观水生植物、药用水生植物等。

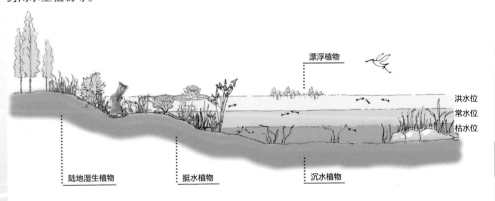

1. 食用水生植物

水生植物是人类最早的食物来源之一，在现代，很多水生植物就是传统的水生蔬菜和粮食作物，如莲藕、水芹、蕹菜、荸荠、茭白和菱等。

4

2. 景观水生植物

　　水生花卉资源十分丰富，是营造园林水景的重要素材，以其优美的姿态、绚丽的色彩点缀着水面、水缘和岸边。如睡莲，睡莲是最重要的水生花卉，广泛分布于世界各地。在埃及，睡莲被誉为"尼罗河的新娘"；在东南亚和印度等，睡莲也被认为是佛教圣物，人们常以睡莲花来供奉佛祖。睡莲也是孟加拉国和埃及等国的国花，品种非常丰富，色泽艳丽，广泛用于水景美化。

3. 药用水生植物

　　水生植物有很多种类可药用，常用的有香蒲、薏苡和灯心草等。2 000 多年前，我国已食用香蒲花粉，《神农本草经》中将"蒲黄"列为上品，说它"味甘、性平，主治心腹膀胱寒热，利小便，止血，消瘀血"。蒲黄即香蒲科植物东方香蒲、水烛香蒲或其他同属植物的花粉。

4. 其他用途植物

　　水生植物还可以用来作纤维、饲料、香料及造纸等。大约在公元前 3000 年，莎草纸（它用当时盛产于尼罗河三角洲湿地及沼泽中的纸莎草的茎制成）是古埃及人广泛采用的书写介质，并将这种特产出口到古希腊等古代地中海文明地区，甚至遥远的欧洲内陆和西亚，至 8 世纪，中国造纸术传到中东，才取代了莎草纸。埃及博物馆陈列的各种莎草纸文书和图画很好地证明了这一点，它使古埃及大量的文献得以保存至今，也成为古埃及文明的一个重要组成部分。

水生植物的生活型

　　一般依据根部是否固定在水底土壤中将水生植物的生活型分为漂浮植物和根固着型植物。通常我们是根据该植物生长在水中不同的部位，如水面、水底、水中等特性把水生植物分成若干类型来识别它们。

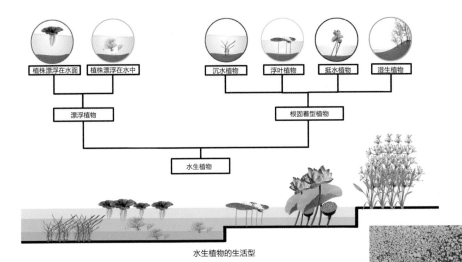

水生植物的生活型

　　1. 漂浮植物

　　漂浮植物是整个植物体都飘浮于水面或水中的植物类群，一般分布在静止（稻田、池塘）或流动性不大的水体及湖泊的港湾部分。漂浮植物种类较少，这类植株的根不生于泥中，株体漂浮于水面之上，随水流、风浪四处漂泊，常见的有浮萍、大藻、凤眼莲等。

　　漂浮植物多数以观叶为主，为池水提供装饰和绿荫。在园林水景中，常用来点缀水面。庭院小池，植上几丛漂浮植物，再放养数条锦鲤，使之环境优雅自然，别具风趣。

　　2. 沉水植物

　　沉水植物是整个植物体沉没在水面下，根生长在水底的植物类群，主要分布在水深 1~2 米水域，有的可达 4 米，分布深度受透明度的影响极大，光照强度决定沉水植物的分布下限。

　　沉水植物是典型的水生植物，其根或根状茎生于水底泥中，茎、叶全部沉没水中，仅在开花时花露出水面，如苦草；或者植物体没有根，可悬浮在水中，如狸藻。

　　这类植物通常花小，花期短，以观叶为主，很适合用作水草造景植物，能适应水族箱的环境，且生长快速。

3. 浮叶植物

浮叶植物是叶片漂浮在水面，根固着在水底的植物类群，主要分布在水深1~2米的水域，有时亦可生长在更深水域，但生长不旺盛。

植物体的根部固定在土壤中，叶由细长而柔软的叶柄支撑漂浮于水面，柔软的叶柄能够在水位改变的时候弯曲或伸展，使叶片保持浮在水面。常见的有王莲、睡莲、萍蓬草等。

浮叶植物的根状茎发达，花大，色艳，无明显的地上茎或茎细弱不能直立，而它们的体内通常贮藏有大量的气体，使叶片或植株能漂浮于水面上，为水面提供良好的装饰。

4. 挺水植物

挺水植物是仅根部或极少部分生长在水中，茎或叶挺伸在水面上的植物类群。主要分布在水边湿地到水深1.5米的水域，在浅水湖荡、港湾中生长最旺盛，常在浅水区布满整个水体。

这类植物绝大多数有茎、叶之分，下部或基部沉入水中，根或地茎扎入泥中生长，上部挺出水面，几乎都为水陆两栖种类，水生性弱。在空气中的部分具有陆生植物特征，在水中部分（主要是根、根状茎）则具有水生植物的特征。常见的有荷花、菖蒲、千屈菜、梭鱼草、慈姑等。

挺水植物大多高大挺拔，花色艳丽，种类较多。

5. 湿生植物

湿生植物也称滨水植物或水缘植物。这类植物生长的土壤含水量较高，而其他方面的特征基本和陆生植物差不多。

在陆地上生长的植物有许多品种可以耐湿，但是有的只生长于湿度较高的地区，甚至根部可以长时间被水淹而不腐烂，这种植物往往被用作滨水植物。常见的木本植物有垂柳、落羽杉等，草本植物有水丁香、紫芋、香蒲等。

湿生植物的品种非常多，这类植物通常生活在水塘边、水沟边、小溪边等湿润的土壤里，能净化水质和美化环境，也为鸟类和其他光顾水边的动物提供藏身之处。

6. 海生植物

海生植物一般生长于海水中（部分也可在淡水中生长），并能扩展分布到海滩沙砾、岩石和烂泥沼泽上，也称红树林（Mangrove forest）。常见的有秋茄树、无瓣海桑等。

海生植物是热带、亚热带海岸及河口潮间带特有的森林植被，植物资源丰富，为鱼虾蟹类提供了生活场所，为湿地鸟类提供了栖息地，在防风护堤、稳定沉积、扩大滩涂方面起很大作用，有重要的生态效益。

水生植物的特殊结构及生态特性

水生植物在生活上与水离不开关系，而水环境与陆地环境有明显的差别，主要表现为水体光照强度弱、氧气含量少、温度变化小、具水流动性、密度大等特点。由于水生植物体全部或部分浸泡在水中，因此面临最大的问题就是如何在水中获得足够的氧气，如何在湍急的水流生存？

那么，水生植物在长期的演化过程中，从植物体各器官的形态、结构到生长、繁殖等生理机能，发生了什么变化呢？

1. 水生植物的根

水环境与陆地土壤不同，植物根可以蔓延无阻，根端不易受伤，所以不需要保护，无根冠存在，而常有根套起平稳作用。特别是那些沉水植物，由于长期生活在水中，身体直接和水接触，植物体可以直接从水中吸收水分和养分，因此水生植物根部吸收物质的功能就显得不那么重要，其主要功能则是固定植物体。

对于那些漂浮植物，根部并没有固着在水底，而是垂在水中，通常这些植物的根部对植物体的平衡会有一些帮助，使植物体不至于翻覆，例如：凤眼莲、浮萍等植物，这些漂浮植物的根系通常很发达，有时根系的比例远远超过上端茎叶的比例。

水生植物常在茎节的地方长出不定根，一方面由不定根抓住土壤以保住植物体不被冲走；另一方面，这样的不定根也可让植物体的顶端不断向前生长，达到扩展族群的目的。

有些植物更发展出气生根，以适应缺乏氧气的土壤和水中，例如：白花水龙在茎节地方，会有向水面生长的白色纺锤状气生根；水丁香也会从土中或水中长出一条条白色的气生根，这些气生根中的海绵组织都非常发达，除了促进气体的吸收之外，对增加浮力也有很大的帮助。

2. 水生植物的茎

水生植物长期浸泡在水中，水就是它们最好的支持和依靠，由于它们不需要像陆生植物一样有发达的支持组织来支撑植物体，所以通常水生植物的身体较为柔软。尤其是沉水植物的茎幼嫩而纤细，分枝少，表皮一般不具陆生植物防止水分蒸发的角质层，含有叶绿素，能进行光合作用。

茎基本上由薄壁细胞（组织）组成，细胞间隙很发达，常形成很大的气室，以储藏气体，便于内部细胞进行气体交换，并有利于漂浮。维管束集中在茎的中央，以增加茎的弹性，有抵抗机械损伤的作用，机械组织不发达，许多种类有多年生根状茎。

3. 水生植物的叶

就所有水生植物来说，它们的叶子和陆生植物一样，有各种不同的形状。

（1）挺水叶

挺水叶由于与空气接触，它与陆生植物的构造（由上表皮、下表皮、栅栏组织和海绵组织构成，具有表皮毛、角质层和气孔等）相同，其叶的结构除细胞间隙发达或海绵组织所占比例较大外，接近于陆生植物叶的结构。如莲叶的表皮毛极发达，由于表皮毛的存在，水滴到莲叶上立即形成圆形水珠。

（2）浮水叶

浮叶植物或漂浮植物，叶片大多呈较宽阔的形状，如圆形、椭圆形或心形等，这样可以使它们更平稳地浮在水面上而不会翻覆。这类的植物如凤眼莲、水鳖等通常具有发达的气室，能借助空气的浮力浮在水面上；睡莲、芡等植物，叶片的下表面通常有明显隆起的叶脉，这些叶脉中不仅有发达的通气组织帮助漂浮，也有助于减缓水面的波浪；而王莲的叶缘向上反折，一般也认为和增加浮力有关。

浮水叶漂浮水面，构造比较复杂，为背腹异面叶。海绵组织发达。在下面或叶柄上常形成气囊，可以增加浮力，使叶浮于水面。叶的上面有许多气孔，有角质层，叶内有明显的栅栏组织。细胞内常有多数的结晶体，有抵抗外力压迫的作用。

（3）沉水叶

对于沉水植物而言，为了减缓水流对植物体造成的冲击，叶子通常呈线形、丝状或羽状裂叶，茎、叶也都较柔软，除了减少水的阻力，也能增加植物体在水中接受光线和空气的表面积。

沉水叶沉没水中，其形态构造具有典型的水生特性。由于适应水环境的结果，叶向两个方向发展。一是叶变得纤细，分裂为多数细长的裂片；二是叶呈较大的薄膜状，能减少阻力，增加相对表面积，适应水中光照弱的特点。

（4）异形叶

依据植物体的发育阶段及与水环境接触的程度，叶的形态构造有所差异，这种异形叶现象在许多水生植物中都可见到。

异形叶现象就是一株植物体上，具有形态构造不同的叶。如既有浮水叶，又有沉水叶；或既有气生叶和浮水叶，又有沉水叶；或既有气生叶，又有浮水叶。慈姑最初长出的是狭带形沉水叶，以后为卵形浮水叶，最后形成戟形的气生叶。

异形叶现象在水生植物中也很常见，例如眼子菜同时具有线状的沉水叶和椭圆形的浮水叶；异叶水蓑衣的沉水叶细裂成羽状，挺水叶则呈椭圆形；石龙尾属植物的挺水叶通常比沉水叶更宽。

部分水生植物的生长幼期，也常以较细长的沉水叶形态出现，例如：浮叶植物冠果草幼期叶则为带状，成熟期的浮水叶为卵圆形；挺水植物鸭舌草和三角剪，幼期叶也都为带状；沉水植物水车前幼期叶也较细长，成熟植株叶片则呈宽卵形。

叶的变态在水生植物中也常能见到，如狸藻叶变为捕虫囊，捕捉水生小动物，补充养分的不足；槐叶苹在水下的叶细裂成根状，加强水分、养分吸收和在水面的平稳性。

4. 水生植物的通气组织

水生植物生活在水中，成功地发展出被称为气室的通气组织，这些气室可以把空气储存在里面，以解决水生植物生长在水中缺少空气的问题。

荷花是大家最熟悉的例子，它的地下茎中就有许多气孔；凤眼莲、菱等膨大的叶柄，兼具储存空气和帮助漂浮的功能；水鳖的叶下表面中间区域，有一处像蜂窝状的通气组织；水禾的叶鞘为气囊状；睡莲的叶柄中也可以明显看到许多通气组织的孔道。

5. 水生植物的繁殖

　　大多水生植物具有很强的繁殖能力，不但能以种子进行有性繁殖，而且还能以它们的分枝或地下茎进行无性繁殖，但由于水环境对花粉传播不及陆地可靠，所以无性繁殖成为水生植物主要的繁殖方法，有性繁殖通常占 25% 以下。

（1）无性繁殖

　　水生植物大多以特殊的匍匐茎、球茎、根状茎或冬芽进行无性繁殖，也可由植物体断片繁殖。如浮萍类可以靠叶状体出芽产生新的叶状体；菹草、金鱼藻等则靠断裂的分枝产生新植株；而芦苇等能借助泥中的根状茎分蘖产生新植株；凤眼莲、水鳖等具有生长旺盛的走茎，能使个体数目快速增加。

　　休眠芽最大的作用为它可以帮助水生植物度过环境不良时期，让族群继续生存，例如：冬季时水鳖植株全部枯萎，植株形成休眠芽沉入水中，当气温回升时，休眠芽便开始成为浮水植株，而眼子菜科的马藻也有类似的休眠芽体。

（2）有性繁殖

　　有性繁殖是大多数植物采取的繁殖方式，植物开花、结果、产生种子，种子被散播出来，再萌发为新的植物体，只是水生植物生活在水中，水自然就成为它们散播种子的重要媒介。水生植物有两性花和单性花，大多数是异花授粉，不同的种类有不同的传播媒介。

水生植物虽然生长在水中，但它们的花通常还是开在水面上，然后借由昆虫、风等媒介来传粉，达到开花结果的目的，例如：海菜花、聚藻、水蕴草等沉水植物的花都是挺出水面，通过风力或动物来达到传粉的目的。而苦草、黑藻、金鱼藻等以水为媒介，称为水媒花。例如：苦草为雌雄异株，雌花成熟时花序柄强烈伸长，直至将花挺出水面，花刚好于水面开放，而雄花成熟后冲破雄性佛焰苞，脱离花序，浮到水面，随着水的漂流，使它有机会靠近雌花，使花粉有可能到达雌花的柱头，完成授粉。

较特别的是有些植物的花是伸出水面上来，但在完成授粉后，果实则是在水中成熟，例如：凤眼莲、菱、睡莲等植物。以凤眼莲为例，它把花轴生长在空气中，花期大约 1 天，第二天花轴便向下弯转 180°，使花序接触到水中，然后果实在水中成熟；睡莲的花期有 3~4 天，花开完后花轴会像螺旋一样，将花朵拉入水中；苦草的雌花也有类似的现象，授粉后雌花闭合，花梗自行卷缩沉入水底，逐步将幼果拉入水中成熟。

自然界中有些水生植物的花并不会伸出水面，也不打开，而是以花苞的形态在水中生长，里面的花粉自行和雌蕊进行授粉作用，产生种子，这种方式称为闭花授粉。这样的情形在水生植物中很常见，对于水位和水流速度经常变化的水环境，用这种方式可以确保顺利完成繁殖的目的，例如：石龙尾等植物。

一般水生植物的果实在水中成熟后，便将种子释放在水里，接着这些种子会沉到水底等待适合的光照和温度，然后在水中发芽生长。也有一些植物的种子被释放出来后，并不会立即沉到水中，而是借由种子上的特殊构造，让种子漂浮在水面上一段时间再沉到水底，这种方式可以确保植物族群被散播出去，并减少和自己的竞争，例如：萍蓬草、睡莲等植物。

水生植物的多样性及生态作用

1．水生植物的多样性及观赏功能

水生植物资源十分丰富，品种繁多，从沉水逐渐过渡到陆生，层次丰富。此外水生植物的株形、叶形、花形也各具特色，具有较高的观赏性，不但能够使城市生物多样性大为增加，而且能够创造丰富的景观。

水生植物不仅可以观叶、赏花，还能欣赏映照在水中的倒影。"浮香绕曲岸，圆影覆华池""波明荇叶颤，风热萍花香""离离水上蒲，结水散为珠""江湖渺无际，弥望皆高芦"……诗中的水生植物景致给人一种清新、舒畅之感。

在自然界，水生植物赋予了水岸带许多优美的风景，是人们进行户外活动、休闲旅游的好去处。如桃红柳绿、出水芙蓉等，都同水岸河溪直接相连。此外，河溪及其边岸地区，空气清新，阳光充足，远离城市的喧闹与污染，是忙碌一天的人们寻求宁静安逸的理想港湾。另外，河岸取水便利，地势平坦，容易修筑小路，又是露营、划船、钓鱼等野外活动的理想场所。

不少水生植物具有优美的姿态或艳丽的花朵，加之与灵动之美的水体搭配更是美不胜收，从而可以营造出优质的景观，促进生态旅游的发展。我国以水生植物造景的著名景点不胜枚举，如杭州西湖的曲院风荷、三水的荷花世界等就以大片的荷花吸引中外游客，常熟的芦苇荡风景区以其自然历史人文景观取胜。如今环保理念盛行，各处营造的人工湿地除了具有生态功能外，也成了良好的旅游去处和科教园地。

2. 水生植物的生态功能

水生植物是湿地生态系统的重要组成部分，水生植物具有水体产氧、氮循环、吸附沉积物、抑制浮游藻类繁殖、减轻水体富营养化、提高水体自净能力的重要功能，同时还能为水生动物、微生物提供栖息地和食物源，维持水岸带物种的多样性。

17

（1）维护城市湿地生物多样性功能

水生植物群落为鱼、鸟等生物提供了良好的栖息环境，鱼儿在水草生长的环境中更容易觅食，不少鸟类也喜欢在挺水植物群落里筑巢"定居"，在春、夏季植物繁茂的群落提供了丰富的虫、草等食物，吸引着水鸟繁衍，同时喂养了水中的鱼、虾等生物，在寒冷的冬季依然挺立的茂密芦苇荡，更是为鸟儿营造了避风挡雨的好环境。海岸红树林的存在既能降低海洋风暴的影响，也能为海洋生物提供栖息地和繁殖场所，大大丰富了区域生物多样性的发展。水生植物群落为野生动物提供栖居地，正是由于这些水生动植物的不断繁衍和相互作用，使水体成为具有生命活力的水生生态环境。

（2）水生植物具有重要的生态修复功能

水生植物不仅能进行光合作用，吸收环境中 CO_2、放出 O_2，改善水体质量，而且能消除水体中许多污染元素。

水生植物对水质有较强的净化功能，可以有效降低水体富营养化。近年来，对各种水生植物的去除氮效果比较研究很多，其中凤眼莲、大藻、狐尾藻、慈姑、芦苇、茭白、香蒲、菱、水龙等，可将水体中大量的氮和磷固定在植物体内，从而达到降低水体中营养盐的效果。另据研究，水葱能净化水中的酚类；野慈姑对水体中氮的去除率达 75％，对磷的去除率达 65％；芦苇具有净化水中的悬浮物、氯化物、有机氮、硫酸盐的能力，能吸收汞和铅，对水体中磷的去除率为 65％；凤眼莲繁殖快，耐污能力强，对氮、磷、钾及重金属离子均有吸收作用。

沉水植物还可以促进水中悬浮物、污染物质的沉积，并可通过吸收、转化、积累作用降低水中营养盐，从而抑制水体内浮游藻类生产量。同时能防止底泥的再悬浮，提高水体的透明度，使湖泊生态系统处于良性循环之中，湖区水质得以净化，水体透明度得以提高。

总之，在治理湖水、净化水质、恢复水体生态环境方面，水生植物扮演着重要角色；在美化水体景观、保持河道生态平衡方面，水生植物也具有显著功效。

水生植物在生态环境修复中的应用

目前我国许多湖泊存在富营养化现象，加上农药、化肥的广泛应用，农村水质污染也十分严重，大量的水质净化亟须解决；城市内河水质污染更加严重，人工化驳岸现象普遍存在。最近，北京、上海、苏州、杭州、昆明等大城市已启动重建和修复水体生态环境工程，并且取得了一定的成效。

近年，日本、瑞士等提出应用"生态工程法"，对过于人工化的河道、水系进行"多自然型"改造和治理，其基本理念即是遵循自然法则，把属于自然的地方还给自然。通过生态护岸及水体景观绿化技术，提高水景的综合生态效益和景观效益，并为动植物提供生存环境。

1. 人工湿地技术

人工湿地 (Constructed Wetlands) 是 20 世纪 70 年代发展起来的一种废水处理新技术，通过模拟自然湿地的结构和功能，选择一定的地理位置和地形，根据人们的需要人为设计和建造的湿地。水生植物是人工湿地的主要组成部分，在系统中起着关键作用。主要表现是水生植物的根可吸收、富集水中的营养物质及其他元素，可增加水体中的氧气含量或有抑制有害藻类繁殖的能力，遏制底泥营养盐向水中的再释放，有利于水体的生物平衡等。湿地水生植物选取时应因地制宜，综合考虑植物的以下特征：耐水、根系发达、多年生、耐寒、吸收氮和磷量大、兼顾观赏性和经济性、要尽量选择当地种。目前，常用的有芦苇、香蒲、菖蒲、风车草、梭鱼草、水葱、鸢尾等。

2. 植物浮岛技术

植物浮岛主要是利用无土栽培技术，采用现代农艺和生态工程措施综合集成的水面无土种植植物。通过扎在水中的根系吸收大量的氮、磷等物质，对无机污染物起到促降的作用；植物根系、浮床和基质在吸附悬浮物的同时，也为微生物和其他水生生物提供栖息、繁衍场所，兼可美化水域景观。大部分水生景观植物都可选用，常用的有水生美人蕉、菖蒲、香蒲和南美天胡荽等。目前国内外在湖泊、水库及公园的池塘等各种水域较多采用的浮岛净化技术，不仅有效地净化了水质，而且大大改善了区域景观。

3. 水底草坪技术

水底草坪技术是通过繁殖旺盛的沉水植物，构建水下森林来净化水体，是水体修复最重要技术之一。沉水植物能吸附水体中营养物质，抑制有害藻类繁殖，明显改善水体的透明度和溶氧条件，为水中其他生物提供适宜的环境，常用的水生植物有苦草、金鱼藻、黑藻和光叶眼子菜及狐尾藻。

水生植物图鉴

一、漂浮植物

漂浮植物是整个植物体都飘浮于水面或水中的植物类群。这类植物的根不生于泥中，株体漂浮于水面之上，随水流、风浪四处漂泊，常见的有浮萍、大薸、凤眼莲等。

漂浮植物以观叶为主，为池水提供装饰和绿荫。其生长速度很快，能更快地提供水面的遮盖装饰，但有些品种生长、繁衍得特别迅速，可能会成为水中一害，如凤眼莲等，所以需要定期用网捞出一些，否则它们就会覆盖整个水面。另外，也不要将这类植物引入面积较大的池塘，因为如果想将这类植物从大池塘当中除去将会非常困难。

槐叶苹

学名：*Salvinia natans*（L.）All

别名：蜈蚣苹、山椒藻

科属：槐叶苹科槐叶苹属

形态特征：

多年生小型浮游蕨类植物。茎细长而横走。叶片在茎节上3枚轮生，其中2枚为漂浮叶，深绿色，长圆形或椭圆形；1枚为沉水叶，悬垂水中，细裂成线状，被细毛，形如须根，密被褐色节状毛，在水中形成假根，起着根的作用；水面叶在茎两侧紧密排列，因叶子形似槐树的羽状叶而得名。孢子果4~8个簇生于沉水叶的基部，表面疏生成束的短毛，小孢子果表面淡黄色，大孢子果表面淡棕色，秋末冬初产生孢子果，第二年春季萌发，以孢子繁殖或植株断裂进行营养繁殖。

分布习性：

广布于长江以南及华北和东北等。多生于水田、沟塘和静水溪河内，喜温暖、光照充足、无污染的静水水域。

生态用途：

为水生杂草，可点缀于溪塘、水池等水面，也可缸栽观赏，极富情趣。全草可供药用，也可作饲料。

浮萍

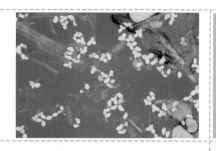

学名：*Lemna minor* L.

别名：青萍、田萍、浮萍草、水浮萍、水萍草

科属：浮萍科浮萍属

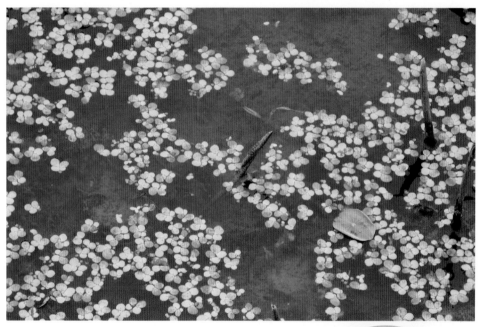

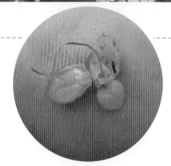

形态特征：

　　多年生漂浮草本植物。植物体退化成小的叶状体，扁平，常 2~4 枚连在一起，浮于水面。叶状体圆形至卵圆形，淡绿色，背面浅黄色或绿白色，或常为紫色，全缘，具 3 条不明显叶脉，背面垂生白色丝状根 1 条，根冠尖细。花单性。叶状体背面具囊，新叶状体于囊内形成浮出，以短柄与母体相连，随后脱落，形成新的植株。

分布习性：

　　广布于世界各地。生于池塘、湖泊等水流缓慢的水域中，喜温暖潮湿环境，适应性广。

生态用途：

　　生长快，可布满湖面或沼泽地，富有野趣。全草为良好的猪、鸭饲料，也是草鱼的饵料。以带根全草入药。

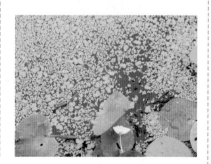

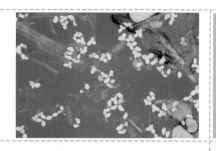

菱

学名：*Trapa incisa* Sieb & Zucc.

别名：菱角、水菱、风菱、乌菱、菱实

科属：菱科菱属

形态特征：

多年生漂浮草本植物。茎圆柱形，细长或粗短。浮水叶互生，聚生于茎端，在水面形成莲座状菱盘，叶片广菱形，表面深亮绿色，无毛，背面绿色或紫红色，密被淡黄褐色短毛（幼叶）或灰褐色短毛（老叶），边缘中上部具凹形的浅齿，边缘下部全缘，基部广楔形，叶柄长2~10.5厘米，中上部膨大成海绵质气囊，被短毛；沉水叶小，早落。花小，单生于叶腋，白色。果实分无角、两角、三角、四角。花、果期4—10月。

分布习性：

原生于欧洲，中国南方有栽培，尤其以长江下游太湖地区和珠江三角洲栽培最多。多生于水塘或田沟内，喜光，抗寒力强，对气候和土壤适应性强。

生态用途：

叶排列整齐，可片植于湖中观赏。菱肉含丰富的营养，幼嫩时可当水果生食，老熟果可熟食或加工制成菱粉食用。菱叶可做青饲料或绿肥。

水鳖

学名：*Hydrocharis dubia*（Bl.）Backer

别名：马尿花

科属：水鳖科水鳖属

形态特征：

　　一年生或多年生漂浮草本植物。漂浮于水面，有具须根，冬季节间形成越冬芽，第二年气温回升时重新生长。叶为圆状心形或近肾形，全缘，叶面深绿色，叶背略带紫色，并具有宽卵形的泡状贮气组织，用来储存空气，因外形像鳖，所以叫"水鳖"，叶柄可长达10厘米，有时伸出水面。花瓣3枚，白色。果实圆球形。花、果期8—10月。

分布习性：

　　分布于中国多个省区，欧洲、大洋洲等地区也有分布。生于静水池沼、沟渠及稻田内，喜温暖湿润环境，喜光，较耐寒。

生态用途：

　　因叶背似鳖而得名，其分蘖速度快，经常成丛生长，夏季白花点点，布满水面，颇为美丽，可布置池塘、湖面，也可供水族箱中栽培观赏。全草可作鱼或猪的饲料，幼叶、柄可作蔬菜食用。全草入药，有清热利湿的功效。

大藻

学名：*Pistia stratiotes* L.

别名：肥猪草、水芙蓉

科属：天南星科大藻属

形态特征：

多年生飘浮草本植物。有长而悬垂的根，多数。叶簇生成莲座状，叶片因发育阶段不同而异，叶色碧绿，叶脉扇状伸展，背面明显隆起成折皱状。佛焰苞白色。花期5—11月。

分布习性：

全球热带及亚热带地区广布。喜高温多雨及阳光充足环境，生长力强，可点缀于水池、湖泊。

生态用途：

叶色碧绿，株形整齐，宜植于池塘、水池中观赏。有发达的根系，从污水中吸收有害物质和过剩营养物质，可净化水体，但由于生长力强，繁殖快，应注意要防止其扩散。

大藻在水中飘浮的根及不定芽

大藻在湿地中快速繁殖

凤眼莲

学名：*Eichhornia crassipes* Sloms

别名：水葫芦、凤眼蓝、水浮莲

科属：睡莲科睡莲属

形态特征：

多年生漂浮草本植物。株高 30~50 厘米，茎极短缩。须根发达，悬浮于水中，具有匍匐走茎。叶在基部丛生，莲座状排列，倒卵状圆形或卵圆形，全缘，鲜绿色而有光泽，质厚，叶柄长。花茎单生，端部着生短穗状花序，小花浅紫色。花期夏、秋季。

分布习性：

原产南美洲，现广布中国。喜欢温暖湿润及阳光充足环境，适应性也很强。

生态用途：

花色艳丽美观，叶色翠绿偏深，是美化环境、净化水质的良好植物，但由于过度繁殖，随水漂流，容易阻塞水道，影响交通，应控制其生长区域。

二、沉水植物

沉水植物是典型的水生植物，其根或根状茎生于水底泥中，茎、叶全部沉没水中，仅在开花时花露出水面。这类植物具发达的通气组织，有利于进行气体交换，常见的有苦草、水车前、海菜花等。

沉水植物在水中担当着造氧的角色，为池塘中的其他生物提供生长所必需的溶解氧；同时，它们还能够除去水中过剩的养分。

苦草

学名：*Vallisneria natans*（Lour.）Hara

别名：扭兰、扁草

科属：水鳖科苦草属

形态特征：

多年生沉水草本植物。茎短不明显。叶柔软、丛生，线形或带形，宽度不超过1厘米，绿色或略带紫红色，常具棕色条纹和斑点，先端圆钝，边缘全缘或具不明显的细锯齿。花单性，雌雄异株，雄佛焰苞卵状圆锥形，每个佛焰苞内含雄花200余朵或更多，成熟的雄花浮在水面开放；雌佛焰苞筒状，先端2裂，绿色或暗紫红色。果实圆柱形。具有地下走茎，可由单一植株营养繁殖而形成种群。

分布习性：

分布于中国多个省区。生于溪沟、河流、池塘、湖泊之中，喜温暖湿润和阳光充足环境，稍耐阴，耐寒，对水质要求不高。

苦草与睡莲在湿地生态的应用

植株地下走茎，可快速繁殖形成群落

植株形态

苦草构建水下植被之一

苦草构建水下植被之二

生态用途：

苦草植株叶长、翠绿、丛生，是水族箱、植物园水景、风景区水景、庭院小水池中的良好绿化布置材料，可作水下植被。苦草生态适应性广，吸附污物及营养能力强，是减少水体污染、缓解水体富营养化程度的重要沉水植物，可净化水体，现多用于自然水体的生态修复。

黑藻

学名：*Hydrilla verticillata*（L. f.）Royle

别名：温丝草、水王孙

科属：水鳖科黑藻属

形态特征：

多年生沉水草本植物。茎圆柱形，直立细长多分枝，可长达 2 米。叶带状披针形，3~8 枚轮生，叶缘具小锯齿，叶无柄。花小，雌雄同株或异株，白色，单生于叶腋，漂浮于水面开花，果圆柱形。花、果期5—10 月。

分布习性：

在中国南北各地及欧洲、亚洲、非洲和大洋洲等广大地区均有分布。生于池塘、湖泊和水沟中，喜温暖湿润及阳光充足环境，耐寒性好。

生态用途：

黑藻是良好的沉水观赏植物，适宜浅水绿化、室内水体绿化，作水下植被，可盆栽、缸栽，是装饰水族箱的良好材料。黑藻速生、高产，也是河蟹、鱼类的优良饵料。

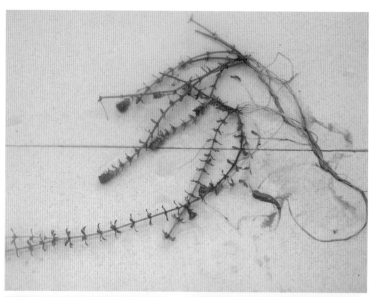

水车前

学名：*Ottelia alismoides*（L.）Pers.

别名：龙舌草

科属：水鳖科水车前属

形态特征：

　　多年生沉水草本植物。具短茎或无茎。叶聚生于基部，叶形多变，沉水叶为狭矩圆形，浮水叶为阔卵圆形。花两性，单生于苞片内，萼片3枚，绿色，花瓣白或浅蓝色，3枚。果实长椭圆形。花、果期6—10月。

分布习性：

　　分布于西南、华南等，在非洲、亚洲及澳大利亚热带地区也有分布。多生于静水中，喜温暖湿润及阳光充足环境，不耐寒，不耐旱。

生态用途：

　　可片植于湖泊或水池中，也可置于水族箱中观赏，全草可作猪饲料、绿肥，嫩叶也可食用，茎叶捣烂敷可治痈疽、灼伤等症。

狐尾藻

学名：*Myriophyllum verticillatum* L.

别名：轮叶狐尾藻、布拉狐尾

科属：小二仙草科狐尾藻属

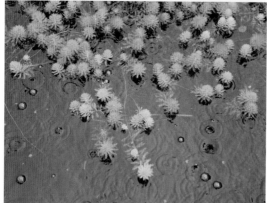

形态特征：

多年生粗壮沉水或挺水草本植物。植株大部分沉没水中，先端挺于水面上，挺于水面枝叶翠绿色。植株根状茎发达，在水底泥中蔓延，节部生根，茎圆柱形，多分枝。叶通常 3~5 枚轮生，水中叶较长，丝状全裂，无叶柄；水上叶互生，披针形，较强壮，裂片较宽。花单性，雌雄同株或杂性，单生于水上叶腋内，每轮具 4 朵花，一般水上叶的上部为雄花，下部为雌花，雄花萼片 4 枚，雄蕊 8 枚，雌花萼片 4 枚。果阔卵形。花期夏季。

分布习性：

为世界广布种，分布于中国南北各地。生于池塘、河沟、沼泽中，喜温暖水湿及阳光充足环境，不耐寒，入冬后地上部分逐渐枯死，以根茎在泥中越冬。

生态用途：

狐尾藻叶翠绿，小巧精致，可片植于岸边浅水处，亦可水族箱栽培观赏。净水效果佳，能高效去除水中有机物、氨氮、磷酸盐等，多用于富营养化水体的生态修复。同时其还可以饲养鱼、猪、鸭等，也可作绿肥。

粉绿狐尾藻

学名：*Myriophyllum aquaticum*（Vell.）Verdc.

别名：大聚藻、羽毛草

科属：小二仙草科狐尾藻属

形态特征：

多年生沉水或挺水草本植物。株高10~20厘米，茎半蔓性，能匍匐生长。叶二型：上部为挺水叶，匍匐在水面上，叶4~6枚轮生，小叶线形，羽状排列，绿白色；下部为沉水叶，丝状，朱红色。雌雄异株，花腋生，具短花梗，基部具白色长披针形的小苞片，无花瓣，雌蕊柱头白色。花期4—9月。

分布习性：

原产南美洲，中国有引种栽培。生于池塘或河川中，喜温暖水湿及阳光充足环境，不耐寒，入冬后地上部分逐渐枯死，以根茎在泥中越冬。

生态用途：

粉绿狐尾藻叶粉绿，独具特色，不仅能吸收水中的氮、磷等物质，净化水体，抑制蓝藻暴发，同时也是颇具知名度的观赏性水草，可布置于水池、溪涧浅水处，也可缸栽观赏。

黄花狸藻

学名：*Utricularia aurea* Lour.

别名：黄花挖耳草、金鱼藻、狸藻

科属：狸藻科狸藻属

黄花狸藻的植株形态及黄色的唇形花朵

形态特征：

多年生浮游或沉水食虫草本植物，没有根，可飘浮生长。茎较粗且多分枝，有长达 100 厘米以上的柔细的主茎轴，再由茎轴两旁长出分枝，分枝上长出美丽的羽状裂叶。叶全部沉水，轮生，二至三回羽状分裂，裂片细发状，长 4~7 厘米，大部分裂片基部附近有近球形的捕虫囊。总状花序，花茎腋生直立，伸出水面，长 6~20 厘米，黄色唇形花冠。蒴果球形，花、果期 6—8 月。

分布习性：

分布于四川、广西、广东、湖南、湖北、江西、福建、台湾、浙江、安徽等，越南、马来西亚、印度及大洋洲也有。生于水稻田、沼泽和水塘等浅水地方，喜温暖湿润及阳光充足环境。

生态用途：

黄花狸藻是一种很不起眼的水生植物，夏季开花，一枝枝黄色的花序挺出水面，黄花点点，布满水面，充满神秘、幽深意境。黄花狸藻还有一项特异技能，就是可以借助特殊的捕虫囊，捕捉水中微小的虫体或浮游动物，被称为"美丽杀手"。黄花狸藻一般生活在弱酸性不具肥分的水中，适合用作水草造景植物，也能适应水族箱的环境，且生长快速，是极具观赏与科研价值的一种水草。

黄花狸藻属于食虫植物，有专门的捕虫器官——捕虫囊，生于叶裂片上

花梗开完花后向下弯曲

湖面的黄花狸藻黄花点点，美丽无比

湖中的黄花狸藻开花

金鱼藻

学名：*Ceratophyllum demersum* L.

别名：细草、鱼草、软草、松藻

科属：金鱼藻科金鱼藻属

形态特征：

多年生沉水草本植物。全株深绿色，茎细柔，长 20~140 厘米，疏生短枝。叶轮生开展，叶 4~12 枚轮生，无柄，1~2 次二叉状分歧，裂片丝状。花小，单性，每 1~3 朵单生于节部叶腋，雄花具多数雄蕊，几无花丝，雌花具 1 枚雌蕊。坚果椭圆状卵形或椭圆形。花、果期 6—9 月。

分布习性：

为世界广布种。群生于淡水池塘、水沟中，喜温暖湿润环境，喜光，稍耐阴。

生态用途：

金鱼藻可片植于湖泊、水池中，作水下植被，或可点缀于水族箱中观赏，对水中的氮、磷去除效果好，现多应用于富营养化水体修复。亦可用作猪、鱼及家禽饲料。

叶轮生开展

全株深绿色，茎细柔，疏生短枝

37

光叶眼子菜

学名：*Potamogeton lucens* L.

别名：尖叶眼子菜、丝草

科属：眼子菜科眼子菜属

形态特征:

多年生沉水草本植物。具根茎，茎圆柱形，上部多分枝，节间较短，下部节间伸长。叶长椭圆形、卵状椭圆形至披针状椭圆形，无柄或具短柄，质薄，先端尖锐，基部楔形，边缘浅波状，疏生细微锯齿，叶脉5~9条，中脉粗大而显著。穗状花序顶生，具花多轮，密集，花序梗明显膨大呈棒状，较茎粗，花小，绿色。果实卵形。花、果期6—10月。

分布习性:

分布于东北、华北、西南、华南等。生于湖泊、沟塘等静水水体，水体多呈微酸性至中性，喜温暖湿润及阳光充足环境，耐寒，不耐旱。

生态用途:

光叶眼子菜适于静水水面栽培，尤其适于湖泊、溪沟边配置，也适于水族箱栽培观赏。

菹草

学名：*Potamogeton crispus* L.

别名：虾藻、虾草、麦黄草

科属：眼子菜科眼子菜属

形态特征：

　　多年生沉水草本植物。根状茎细长，茎沉于水下，多分枝，略扁平。叶条状披针形，先端钝圆，叶缘波状并具锯齿，具叶托，无叶柄。花序穗状，茎顶腋生，开花时伸出水面。

分布习性：

　　为世界广布种，分布于我国南北各省区。生于池塘、水沟、水稻田、灌渠及缓流河水中，水体多呈微酸性至中性。

生态用途：

　　菹草在园林用途上可作湖泊、池沼、小水景中的良好绿化材料，对锌、砷有较高的富集能力，可用于被污染水体的生态修复。菹草也是草食性鱼类的良好天然饵料，我国一些地区选其为围水田养鱼的草种，还可作绿肥，幼嫩茎叶可作蔬菜食用。

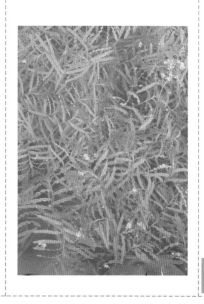

水盾草

学名：*Cabomba caroliniana* A. Gray

别名：鱼草、水松

科属：睡莲科水盾草属

形态特征：

　　多年生沉水草本植物。茎细长、柔弱，节上生根。叶两型：沉水叶对生，圆扇形，掌状分裂，裂片 3~4 次二叉分裂；浮水叶少数，在花枝顶端互生，叶片狭椭圆形，盾状着生。花单生于枝上部叶腋，三基数，花冠白色，直立伸出水面。花、果期 6—9 月。

分布习性：

　　原产南美及美国东南部，最早入侵地江苏、上海、浙江。多生于平原水网地带的河流、湖泊、运河和水渠中，喜温暖湿润及阳光充足环境，不耐寒。

生态用途：

　　水盾草叶翠绿，花白色，成片开花时在水面颇为美丽，可片植于水池中，由于其雅致美观的沉水叶，常被作为水族馆观赏植物。主要以带沉水叶的断枝进行繁殖和扩散，但由于其繁殖能力强，在我国太湖、杭嘉湖等地，已造成生物入侵，故注意勿应用于自然水体。

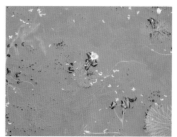

细叶皇冠草

学名：*Echinodorus angustifolius* Rataj

别名：亚马逊剑草、王冠草

科属：泽泻科皇冠草属

形态特征：

多年生沉水或沼生草本植物。株高约 20 厘米，具根茎。叶基生，呈莲座状排列，叶披针形，长 10~15 厘米，宽 1 厘米，叶像竹叶，主脉清晰，侧脉不明显，叶柄极短，几乎无柄，叶全缘，亮绿色。总状花序，小花白色，花瓣 3 枚，雄蕊 6~9 枚。瘦果。在广州全年开花。

分布习性：

原产巴西，现中国有栽培。

生态用途：

细叶皇冠草可种植在水边或沼泽地，也能作为沉水植物在水中种植。叶片翠绿，叶形美观，花白色，洁白淡素，一尘不染，花开不断，既可观叶又可观花，是非常漂亮的水景观赏花卉。

海菜花

学名：*Ottelia acuminata*（Gagnep.）Dandy

别名：龙爪菜

科属：水鳖科水车前属

形态特征：

多年生沉水草本植物。茎短缩，叶基生，叶形态大小变异很大，披针形、线状长圆形、卵形或广心形，先端钝或渐尖，基部心形或垂耳形，全缘、波状或具微锯齿，叶柄随水体深浅而异。花单性，雌雄异株，雄花花瓣3枚，白色，基部1/3黄色或全部黄色，倒心形；雌花的花萼、花瓣与雄花同。花的长短随水深浅而异，先后在水面开放，花后连同佛焰苞沉入水底。花期5—10月，温暖地区全年有花。

分布习性：

为中国特有植物，分布于西南、华南等。生于湖泊、池塘、沟渠和深水田中，特别是在广西西南部高原台地的河溪与云南湖泊当中能形成稳定的沉水植物群落，喜温暖湿润及阳光充足环境，要求水体干净。20世纪60年代以来，由于水体污染及其他因素的影响，海菜花分布面积逐日减少。

生态用途：

海菜花花朵较大，花色素雅，开花时浮于水面极为漂亮，可点缀湖面和水池观赏。海菜花为国家三级重点保护植物，也是中国独有的珍稀濒危水生药用植物，它对水质污染很敏感，只要水质污染，海菜花就会死亡，所以人们往往用是否生长海菜花来判别水质是否受到污染。

三、浮叶植物

浮叶植物是叶片漂浮在水面，根固着在水底的植物类群。浮叶植物根部固定在土壤中，叶由细长而柔软的叶柄支撑漂浮于水面，柔软的叶柄能够在水位改变的时候弯曲或伸展，使叶片保持浮在水面。主要分布在水深 1~2 米的水域，常见的有王莲、睡莲、萍蓬草等。

浮叶植物其根状茎发达，大多花大，色艳，它们除了本身非常美丽外，还为池塘生物提供庇荫，并限制水藻的生长，也能通过纤细的根吸收水中溶解的养分，降低水体的富营养化，对水质有较强的净化功能。

睡莲

学名：*Nymphaea tetragona* Georgi

别名：子午莲、水芹花

科属：睡莲科睡莲属

形态特征：

多年生浮叶草本植物。根状茎肥厚。叶二型：浮水叶圆形或卵形，基部具弯缺，心形或箭形，常无出水叶；沉水叶薄膜质，脆弱。花大而美丽，花单生，为两性花，花色有红色、粉红色、蓝色、紫色、白色等。浆果球形，不规则开裂，在水面下成熟；种子椭圆形，坚硬，为胶质物包裹，有肉质杯状假种皮，胚小，有少量内胚乳及丰富外胚乳。花期5—8月，每朵花开2~5天，花后结实。

分布习性：

原产北非和东南亚热带地区，在中国广泛分布。生于池沼、湖泊中，喜强光、通风良好的环境。

生态用途：

具有较高观赏价值，是水生花卉中名贵花卉。对环境有修复作用，对水中的重金属有较好的吸附作用，对净化水体中的总磷、总氮有明显的作用，是较好的水体净化的植物。在古希腊、古罗马，睡莲与中国的荷花一样，被视为圣洁、美丽的化身，常被作为供奉的祭品。

白色系睡莲

粉色系睡莲

蓝色系睡莲

睡莲与梭鱼草等水生植物配置美化湖岸

王莲

学名：*Victoria regia* Lindl.

别名：水玉米

科属：睡莲科王莲属

形态特征：

　　一年生或多年生大型浮叶草本植物。初生叶呈针状，第二至第三枚叶呈矛状，第四至第五枚叶呈戟形，第六至第七枚叶呈椭圆形至圆形，到第十一枚叶后叶缘上翘呈盘状，叶缘直立，叶片圆形，像圆盘浮在水面，直径可达 2 米，叶面光滑，绿色略带微红，有皱褶，背面紫红色，叶柄绿色，长 2~4 米，叶背面和叶柄有许多坚硬的刺，叶脉为放射网状，有利于保持叶片开展性，增加叶片的排水力和负载力。有直立的根状短茎和发达的不定须根。花大，单生，萼片 4 枚，绿褐色，卵状三角形，外面全部长有刺，花瓣数目多，呈倒卵形，初开白色，有白兰花香气，次日逐渐闭合，傍晚再次开放，花瓣变为淡红色至深红色，第三天闭合并沉入水中。浆果呈球形；种子黑色。夏季开花。

分布习性：

　　原产南美热带地区。喜高温高湿环境，耐寒力极差。

生态用途：

　　著名的热带水生庭园观赏植物，拥有巨型奇特似盘的叶片，浮于水面，十分壮观，以其多变的花色和浓厚的香气闻名于世，既具有很高的观赏价值，又能净化水体，适合较大型水域栽培。

萍蓬草

学名：*Nuphar pumilum*（Hoffm.）DC

别名：黄金莲、萍蓬莲

科属：睡莲科萍蓬草属

花单生，花朵小巧色艳，花柱红色

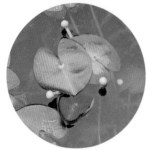

花朵抽生状态

形态特征：

　　多年生浮叶草本植物。根状茎肥厚块状，横卧或直立。叶二型：浮水叶纸质或近革质，圆形至卵形，全缘，基部开裂呈深心形，叶面绿而光亮；沉水叶薄而柔软。花单生，淡黄色或带红色，圆柱状花柄挺出水面，柱头盘常 10 浅裂。浆果卵形，花、果期 5—9 月。

分布习性：

　　分布于华东、华南、东北。生于池塘、湖边沼泽地，喜温暖湿润及阳光充足环境，较耐寒。

生态用途：

　　花虽小，但花形奇特美观，叶色碧绿，为观花、观叶水生植物，多用于池塘、湖泊水景布置，与睡莲、荷花、香蒲、鸢尾等植物配植，形成绚丽多彩的景观，又可盆栽于庭院、建筑物、假山石前，或在居室前向阳处摆放，具有净化水体的功能。

田字草

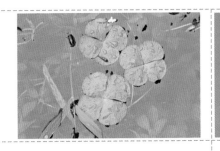

学名：*Marsilea quadrifolia* L.

别名：四叶草、十字草、苹

科属：苹科苹属

形态特征：

　　多年生浮叶草本植物。根状茎细长，横走泥中或生于地面，每节上生 1 叶或数叶，节下生须根数条。叶柄细长，小叶 4 枚，倒三角形，呈十字形排列，外形像"田"字，故名"田字草"。根茎和叶柄的长短、叶着生的疏密，均随水的深浅或有无而变异较大。当有水时，叶柄没于水中，叶片浮于水面，叶柄长可达 30 厘米，而在浅水中，叶子挺立出水，叶柄长8~10 厘米，小叶只有 20 毫米长，外缘全缘或有波状圆齿或浅裂。孢子长圆状肾形，生于叶柄基部。以根茎和孢子繁殖。

分布习性：

　　广布于长江以南各省区，河北、陕西、河南等亦有分布。生于稻田、池塘或地边、路旁湿地，喜光，喜水湿，对土壤要求不严格。

生态用途：

　　叶形奇特，生长快，可作为池塘等水面绿化植物，也可在室内栽培供观赏，还可作为野菜食用。

小叶 4 枚，倒三角形，呈十字形排列，外形像"田"字，故名"田字草"

水蕹菜

学名：*Ipomoea aquatica* Forsk.

别名：空心菜、通菜

科属：旋花科番薯属

茎中空，匍匐于水中生长，叶向上伸展

形态特征：

一年生或多年生蔓生浮叶草本植物。茎圆柱形，中空，匍匐于水中，节上生根，无毛。叶片均向空中生长，叶片卵形至卵状披针形，顶端尖，基部心形，具长叶柄。花腋生，花冠白色、淡红色或紫红色，漏斗状，形如牵牛花。蒴果卵球形至球形。花期6—10月。

分布习性：

原产中国，现分布遍及亚洲热带地区、非洲和大洋洲，已作为一种蔬菜广泛栽培，中国中部及南部各省常见栽培。喜温暖湿润环境，不耐寒。

生态用途：

可片植于湿地景观中，也可点缀湖泊、池塘浅水处。嫩茎叶除供蔬菜食用外，尚可药用，水蕹菜也是一种比较好的饲料。

一般栽培种开白色花朵

水罂粟

学名：*Hydrocleys nymphoides*（Willd.）Buch.

别名：水金英

科属：花蔺科水罂粟属

形态特征：

多年生浮叶水生植物。株高5厘米，茎圆柱形。叶簇生于茎上，叶片呈卵形至近圆形，叶面油亮光滑，具长柄，顶端圆钝，基部心形，全缘，叶柄圆柱形，长度随水深而异，有横隔。伞形花序，小花具长柄，花黄色，罂粟状，花瓣3枚，因其花与罂粟花相似而被命名为"水罂粟"。花期6—9月。

分布习性：

原产中美洲、南美洲，现多引种于中国园林水景中。常生于池沼、湖泊、塘溪中，喜温暖湿润的环境，喜光，不耐寒。

生态用途：

花鲜艳而亮丽，花期长，是优良的水体园林布景植物，适合在水池、大型水槽中栽培，为池塘边缘浅水处较好的装饰材料，亦可进行盆栽观赏。

四、挺水植物

挺水植物直立挺拔，是仅下部或基部沉于水中，根或地茎扎入泥中生长，上部植株挺伸在水面上的植物类群。挺水植物种类繁多，常见的有荷花、菖蒲、千屈菜、梭鱼草、慈姑等。

挺水植物一般植株高大，花色艳丽，绝大多数有茎、叶之分，主要分布在水边湿地到水深 1.5 米的水域，在浅水湖荡、港湾中生长最旺盛，常在浅水区布满整个水体。

该部分挺水植物介绍还包括了湿生草本植物及沼生植物。

荷花

学名：*Nelumbo nucifera* Gaertn

别名：莲花、水芙蓉、藕花、芙蕖、水芝

科属：睡莲科莲亚科莲属

形态特征：

多年生挺水草本植物。地下茎横走泥中，俗称"莲藕"，长而肥厚，有长节，节间膨大，有气孔道。叶初生时浮水，长大后挺出水面，叶大，圆盾形，直径25~90厘米，表面深绿色，被蜡质白粉覆盖，背面灰绿色，全缘，稍呈波浪状，叶柄位于叶片的中央，长1~2米，具短刺。花大，艳丽，单生于花梗顶端，有单瓣、复瓣、重瓣及重台等花型，有白色、粉色、深红色、淡紫色、黄色或间色等颜色变化。花朵中间部分为花托，倒圆锥形，俗称"莲蓬"，莲子为果实和种子的总称，称为小坚果，椭圆形，位于花托凹陷的地方；种子卵形，种皮红色或白色，我们食用的莲子是去种皮和胚的子叶部分，颜色呈白色。花、果期6—10月。

分布习性：

原产亚洲热带和温带地区，中国南北各地都有分布。生于相对稳定的平静浅水、湖泊、沼泽、池塘，喜光，生育期需要全光照的环境。

生态用途：

花叶清香，是中国十大传统名花之一。荷花种类很多，分观赏和食用两大类。荷花全身皆宝，藕和莲子能食用，莲子、根茎、藕节、荷叶、花及种子的胚芽等都可入药。此外由于地下茎能吸收水中的好氧微生物分解污染物后的产物，所以荷花可帮助污染水域恢复食物链结构，促使水域生态系统逐步实现良性循环。

莲藕

莲子

大片荷花构成美丽的荷塘

莲蓬

香菇草

学名：*Hydrocotyle vulgaris* L.

别名：南美天胡荽、铜钱草、金钱莲、水金钱

科属：伞形科天胡荽属

香菇草与花叶芦竹等水生植物配置美化湖面

花

形态特征：

　　多年生挺水或湿生观赏植物。植株具有蔓生性，株高 5~15 厘米，具发达的地下匍匐茎，茎细长，节上常生根，茎顶端呈褐色。叶互生，具长柄，圆盾形，直径 2~4 厘米，叶缘波浪状，草绿色，叶脉15~20 条，呈放射状。花两性，伞形花序，小花白色。花期 6—8 月。

分布习性：

　　分布欧洲、北美洲南部及中美洲地区，中国引种栽培。喜温暖，耐阴，耐湿，栽培以半日照为佳。

生态用途：

　　生长迅速，繁殖能力强，成形较快，常用于水体岸边丛植、片植，是庭院水景造景，尤其是景观细部设计的好材料，可用于室内水体绿化或水族箱前景栽培。但是其同时具有侵占能力强、根除难度大的特性，选择其作为湿地造景装饰植物时应当谨慎。

叶互生，具长柄，圆盾形

香蒲

学名：*Typha orientalis* Presl.

别名：蒲黄、蒲草

科属：香蒲科香蒲属

形态特征：

多年生挺水或湿生草本植物。有发达的根状茎，地上茎粗壮，向上渐细，株高 1.3~2 米。叶片条形，长 40~70 厘米，宽 0.4~0.9 厘米，光滑无毛，上部扁平，下部腹面微凹，背面逐渐隆起呈凸形，横切面呈半圆形，细胞间隙大，海绵状，叶鞘抱茎。穗状花序圆柱状，雌雄花序紧密连接，雄花序长 2.7~9.2 厘米，花序轴具白色弯曲柔毛，自基部向上具 1~3 枚叶状苞片，花后脱落；雌花序长 4.5~15.2 厘米，基部具 1 枚叶状苞片，花后脱落，均无花被，子房柄基部具白色丝状毛。小坚果椭圆形至长椭圆形，果皮具长形褐色斑点；种子褐色，微弯，果实成熟后，丝状毛可借风力将种子传播。在海珠湿地，一年开花 2 次，分别为 3—6 月、10—12 月。

分布习性：

广泛分布于中国全境。生于沟塘、河边、湖边、溪边、沼泽浅水中。

生态用途：

常用于点缀园林水池、湖畔，构筑水景，宜做花境、水景背景材料，也可盆栽布置庭院。蒲棒常用作切花材料。香蒲经济价值较高，花粉（即蒲黄）可入药。叶片可用于编织、造纸等。幼叶基部和根状茎先端可作蔬食。雌花序可作枕芯和坐垫的填充物，是重要的水生经济植物。

穗状花序圆柱状，雌雄花序紧密连接

水烛

学名：*Typha angustifolia* L.

别名：水蜡烛、狭叶香蒲

科属：香蒲科香蒲属

水烛的雌雄花序分开，中间有一裸露的花轴

形态特征：

多年生挺水或沼生草本植物。植株高大，地上茎直立，粗壮，高 1.5~2.5 米。叶片较长，狭披针形，长 54~120 厘米，叶鞘抱茎，互生。穗状花序紧密呈柱状，形似蜡烛，成熟后变黄红色，故名"水烛"，花单性，雌雄同株，雌雄花序分开，相距 2.5~6.9 厘米，中间有一裸露的花轴，雄花序位于顶端，雌花序位于下端，均无花被，子房柄基部具白色丝状毛，花冠紫红色，雄花序轴具褐色扁柔毛，雌花序粗大，雌花序长 15~30 厘米，基部具 1 枚叶状苞片，通常比叶片宽，花后脱落。小坚果长椭圆形；种子深褐色，果实成熟后，丝状毛可借风力将种子传播。在海珠湿地，一年开花 2 次，分别为 3—6 月、10—12 月。

分布习性：

分布几遍全国。生于湖泊、河流、池塘浅水处，水深稀达 1 米或更深，沼泽、沟渠亦常见，当水体干枯时可生于湿地及地表龟裂的环境中。

生态用途：

叶片挺拔，花序粗壮，作为花卉观赏，用于美化水面和湿地栽培，是中国传统的水景花卉。水烛也是造纸原料，还可编蒲包、蒲席等。蒲绒可做填充物。

芦苇

学名：*Phragmites australis*（Cav.）Trin. ex Steud.

别名：苇、芦、芦芛

科属：禾本科芦竹亚科芦苇属

形态特征：

多年生挺水至湿生草本植物。植株高大，直立，不分枝，株高 1~3 米，茎秆圆柱形，中空，有节，节下常生白粉，地下有发达的匍匐根状茎。叶互生，有明显的叶鞘，长于节间，叶片长线形或长披针形，先端尖细，长 15~45 厘米，宽 1~3.5 厘米，叶舌有毛。圆锥花序顶生，分枝稠密，向斜伸展，花序长 10~40 厘米，小穗有小花 4~7 朵，雌雄同株，第一小花多为雄性，其余均雌雄同花，外颖卵状披针形，内颖披针形。花期 8—12 月。

分布习性：

分布于全球温带及热带地区，东北的辽河三角洲、松嫩平原、三江平原，内蒙古的呼伦贝尔和锡林郭勒草原，新疆的博斯腾湖、伊犁河谷及塔城额敏河谷，华北平原的白洋淀等，是大面积芦苇集中的分布地区。多生于沿海沿江地区的河口、河岸、灌溉沟渠旁、河堤沼泽地等湿地或浅水中形成大面积种群。

生态用途：

生命力强，易管理，适应环境广，是河道管理、净化水质、沼泽湿地、置景工程、护土固堤、改良土壤的首选，为固堤造陆先锋环保植物。茎直株高，迎风摇曳，野趣横生，开花季节特别美观，湿地公园经常可见到芦苇优雅的身影。芦苇秆含有纤维素，可以用来造纸和人造纤维。芦叶、芦花、芦茎、芦根、芦芛均可作为优良牧草，饲用价值高。根状茎叫作芦根，中医学上可入药，用于清胃火，除肺热，有健胃、镇呕、利尿的功效。

连片的芦苇随风起伏，如水起波，给人以无限遐想

生长于湿地河岸的芦苇植株，是固堤造陆良好的先锋植物

芦苇挺水生长的植株

花叶芦苇

学名：*Phragmites australis*（Cav.）Trin. ex Steud. var. f. *variegates*

别名：斑叶芦竹、彩叶芦竹

科属：禾本科芦竹亚科芦苇属

形态特征：

　　多年生挺水至湿生草本植物。秆高 50~100 厘米，节下常有白粉，地下有发达的匍匐根状茎。叶片带状披针形，呈黄色条纹，长 15~30 厘米，宽 0.5~1.5 厘米，顶端渐尖，基部微缩并紧接于叶鞘，无毛。圆锥花序顶生，分枝稠密，向斜伸展，花序长 25 厘米以上，小穗有小花 3~7 朵，雌雄同株，第一小花多为雄性，其余均为两性花，向上逐渐变小，顶端渐尖如芒。花、果期 7—12 月。

分布习性：

　　各地湿地公园都有栽培。生于浅水中。

生态用途：

　　茎直株细，叶色美丽，可用于园林水景区作绿化布景材料，因此各地湿地公园经常可见到。

花穗

芦竹

学名：*Arundo donax* L.

别名：荻芦竹、江苇、旱地芦苇

科属：禾本科芦竹亚科芦竹属

形态特征：

　　多年生挺水高大宿根草本植物，形如芦苇。具发达根状茎，秆粗大直立，地下茎短缩、粗壮，多分枝。叶片广披针形。圆锥花序顶生，花穗呈扫帚状。颖果细小，黑色。花、果期9—12月。

分布习性：

　　在亚洲、非洲、大洋洲热带地区广布。多生于河岸道旁沙质壤土上，喜温暖，喜水湿，耐寒性不强。

生态用途：

　　水边观景植物。秆可用来制作管乐器中的簧片。茎纤维长，纤维素含量高，是制作优质纸浆和人造丝的原料。幼嫩枝叶的粗蛋白质达12%，是牲畜的良好青饲料。芦竹根有药用价值。

花穗

在湿地景观中的应用

花叶芦竹

学名：*Arundo donax* L. var. *versiocolor* Stokes

别名：斑叶芦竹、彩叶芦竹

科属：禾本科芦竹亚科芦竹属

在湿地中与水生美人蕉、花叶艳山姜形成优美的景观

形态特征：

多年生挺水草本观叶植物。植株挺拔似竹，宿根，地下根状茎粗而多结，地上茎由分蘖芽抽生，通直有节，丛生。叶互生，叶色依季节变化，常为灰绿色具白色条纹，叶端渐尖，叶基鞘状，抱茎。圆锥花序顶生，大型羽毛状。花期10—12月。

分布习性：

原产地中海一带，中国已广泛种植。生于河旁、池沼、湖边，常大片生长形成芦苇荡，喜温，喜光，耐湿，也较耐寒。

生态用途：

早春叶色黄白条纹相间，后增加绿色条纹，盛夏新生叶则为绿色，是园林中优良的水景观叶材料，用作水景园林背景材料，也可点缀于桥、亭、榭四周，可盆栽用于庭院观赏。

花叶芦竹生长植株

紫叶狼尾草

学名：*Pennisetum setaceum*（Forssk.）Chiov. 'Rubrum'

别名：狼尾草

科属：禾本科狼尾草属

形态特征：

  多年生草本植物。株高80~140厘米，盛花期株高可达2米，秆密集直立，丛生。叶大部分基生，叶狭长条状，紫红色。穗状圆锥花序，小穗上有成束的丝状毛，花絮紫色，似狼尾。花期6—11月，观赏期保持至晚秋或初冬，冬季休眠。

分布习性：

  中国乡土植物，原产中国。喜阳光充足，耐寒，耐旱，适应性强，对土壤要求不高。

生态用途：

  株形柔美，观赏禾草，花序突出叶片以上，如喷泉状，具有极佳的观赏价值，可作为园林景观中的点缀植物，亦可片植，为新颖的园林配置植物。

象草

学名：*Pennisetum purpureum* Schum.

别名：紫狼尾草

科属：禾本科狼尾草属

形态特征：

多年生大型草本植物。植株高大，株高
3~5 米。根系发达，具有强大伸展的须根，
在温暖潮湿季节，中下部的茎节能长出气生
根。茎直立，粗壮，圆形，丛生，分蘖多。
叶互生，长 40~100 厘米，宽 1~3 厘米，叶
面具茸毛，紫红色。圆锥花序呈黄褐色或黄
色，每穗有小穗 250 多个，每小穗有花 3 朵。

分布习性：

原产非洲，热带和亚热带地区广泛栽培。
喜温暖湿润环境，耐湿，适应性很广。

生态用途：

生长健壮，叶片紫红，可作为园林水景
的点缀植物，亦可片植。为中国南方饲养畜
禽重要的青饲料。

蒲苇

学名：*Cortaderia selloana*（Schult. & Schult. f.）Asch. & Graebn.

别名：白银芦

科属：禾本科蒲苇属

形态特征：

　　多年生湿生草本植物。秆高大粗壮，丛生，高2~3米。叶片质硬，狭窄，簇生于秆基，长1~3米，边缘具锯齿状粗糙。圆锥花序大型稠密，长50~100厘米，银白色至粉红色，雌雄异株，雌花序较宽大，雄花序较狭窄，小穗含2~3朵小花，雌花小穗具丝状柔毛，雄花小穗无毛，颖质薄，细长，白色，外稃顶端延伸成长而细弱之芒。

分布习性：

　　原产阿根廷和巴西，现广泛分布于美洲，中国南方有引种栽培。喜温暖湿润及阳光充足的环境。

生态用途：

　　花穗长而美丽，可庭院栽培或植于岸边，入秋赏其银白色羽状穗的圆锥花序，壮观而雅致，具有优良的生态适应性和观赏价值。也可用作干花，蒲苇茎的末端长有银色柔软的毛，在干燥后，可用于室内装饰。

薏苡

学名：*Coix lacryma-jobi* L. var. *mayuen*（Roman.）Stapf

别名：药玉米、水玉米、晚念珠

科属：禾本科薏苡属

形态特征：

　　一年生或多年生湿生草本植物。须根黄白色，海绵质。秆直立，丛生，高 1~2 米，具 10 多节，节多分枝。叶片扁平宽大。总状花序腋生成束，第一颖卵圆形，第二颖舟形。花、果期 6—12 月。

分布习性：

　　分布于亚洲东南部与太平洋岛屿，主产湖南、河北、江苏、福建等。多生于池塘、河沟、山谷、溪涧或易受涝的农田等湿润的地方。

生态用途：

　　薏米是薏苡的种仁，含有大量淀粉及多种维生素，以去除外壳和种皮的种仁入药。

短叶莞茎

学名：*Cyperus malaccensis* Lam. var. *brevifolius* Bocklr

别名：水草、咸草、咸水草、莞草

科属：莎草科莎草属

形态特征：

多年生耐盐挺水植物。地下走茎发达，黑褐色，茎节往往膨大成球状，甚至形成球状块茎。秆直立，三角柱状，高有时可达1米。叶少数，2~4枚包裹于秆的基部处，线形，基部呈鞘状，鞘的先端为平截形。花穗自秆的前端处抽出，通常一秆1枚，卵圆形，褐色至黑褐色，外被覆一大两小的3枚叶状苞片。种子倒卵形，前端略尖形，扁平，两面微凸，成熟时为红棕色，光滑。

分布习性：

分布于福建、广东、广西、四川等。多生于河边、江边的咸淡水交汇水域，喜温暖、光照充足的环境。

生态用途：

草质润滑、柔韧，可用作棚居遮雨挡风、捕鱼捉蟹、缚物吊重之生活、生产物料，也可用来编织草席。

风车草

学名：*Cyperus alternifolius* L.

别名：伞草、旱伞草

科属：莎草科莎草属

花序生长于叶状苞片之叶腋

常种植于溪流岸边，与花叶艳山姜、铜钱草搭配，
尽显安然娴静的自然美

形态特征：

多年生湿生或挺水草本植物。株高60~150厘米，茎近圆柱形，直立无分枝。叶退化成鞘状，包裹在秆的基部，秆的顶端叶状苞叶多数，线形，约等长，呈螺旋排列生长，向四周开展，有如伞状。聚伞花序，有多数辐射枝，小穗多数，密生于辐射分枝的顶端，花两性。花、果期8—11月。

分布习性：

原产非洲，作为观赏植物，中国南北各省均有栽培。喜温暖湿润、通风良好、光照充足的环境，耐半阴，甚耐寒。

生态用途：

常依水而生，植株茂密，丛生，茎秆秀雅挺拔，叶伞状，奇特优美。种植于溪流岸边，四季常绿，风姿绰约，尽显安然娴静的自然美，是常用的园林水体造景观叶植物。

纸莎草

学名：*Cyperus papyrus* L.

别名：纸草、埃及莎草、埃及纸草

科属：莎草科莎草属

高大的植株

形态特征：

多年生高大挺水草本植物。植株高大，丛生，株高90~120厘米，地下根茎短。茎秆直立，三棱形，不分枝。叶退化成鞘状，聚生于茎顶，扩散成伞状，细而窄，通常呈亮绿色。花朵呈扇形花簇，长在茎的顶部，花小，褐色。花期6—7月。

分布习性：

原产欧洲南部、非洲北部及小亚细亚地区。喜温暖水湿环境，浅水中生长。

生态用途：

茎叶殊雅，摇曳生姿，可以多株丛植、片植，单株成丛孤植，为中国南方最常用的水体景观植物之一。因其茎顶分枝成球状，造型特殊，亦常用于切枝。可净化水体，防治水污染，也可作为造纸的材料。

纸莎草应用于湿地景观

纸莎草应用于河道绿化

花

矮纸莎草

学名：*Cyperus prolifer* Lam.

别名：细叶莎草、矮莎草、小纸莎草

科属：莎草科莎草属

矮纸莎草与其他水生植物应用于湿地景观

花序较纸莎草小型，其辐射枝较短

形态特征：

多年生挺水草本植物。根茎匍匐生长，木质化，秆直立，高23~110厘米，圆柱形或三棱形。叶退化，叶鞘带红褐色至暗紫色，叶状苞片短于花序。花序聚生于茎顶，排列成散状，有较多等长的辐射枝组成，每一个辐射枝由一群小穗排列成掌状，3个小穗聚成一群，具有一共同的小穗轴，花柱3叉。瘦果倒卵形。

分布习性：

原产非洲。生于淡水沼泽、水道、潮湿的泥地或浅水中，喜温暖水湿环境，耐阴。

生态用途：

茎叶细小，叶色碧绿，适用于溪流水岸绿化，被广泛应用于庭院景观植物，也可盆栽观赏。

埃及莎草

学名：*Cyperus haspan* L.

别名：畦泮莎草

科属：莎草科莎草属

形态特征：

多年生挺水草本植物。全株苍绿，丛生，株高40~90厘米，茎秆三棱形。具匍匐根状茎。叶针形。花序顶生，在花葶顶端长出细丝般排成伞形的苞叶，放射状，穗簇生。茎顶芽会长新幼株，可用于无性繁殖。花期5—10月。

分布习性：

原产非洲，中国有栽培。生于湖泊、池塘、湿地、河岸或排水沟渠，喜温暖水湿环境，耐阴。

生态用途：

植株密集成丛，茎叶清秀雅致，其顶端放射状排列的苞叶犹如爆开的烟花，绿色或褐黄色，十分奇特，多用于庭园水景边缘种植，可以多株丛植、片植，单株成丛孤植景观效果也非常好。

扁穗莎草

学名：*Cyperus compressus* L.

别名：莎田草、黄土香、木虱草

科属：莎草科莎草属

形态特征：

　　一年生湿生或挺水草本植物。秆稍纤细，高5~25厘米，锐三棱形，基部具较多叶。叶短于秆，或与秆几等长，灰绿色；叶鞘紫褐色。苞片3~5枚，叶状，长于花序，长侧枝聚伞花序简单，具2~7个辐射枝，辐射枝最长达5厘米；穗状花序近于头状，花序轴很短，具3~10个小穗，小穗排列紧密，斜展，线状披针形，近于四棱形，具8~20朵花。小坚果倒卵形或三棱形，侧面凹陷，长约为鳞片的1/3，深棕色，表面具密的细点。花、果期7—12月。

分布习性：

　　分布于安徽、贵州、四川、浙江、江苏、海南、福建、广东、湖北、湖南、江西、台湾等，印度、越南及日本也有分布。生长于空旷的田野里。

生态用途：

　　湿地野生杂草。全草可入药，有散瘀消肿的功效。

褐穗莎草

学名：*Cyperus fuscus* L.

别名：大骨筋草、密穗莎草

科属：莎草科莎草属

形态特征：

　　一年生水生或湿生植物。成株茎丛生，直立，三棱形，较细弱，高 15~30 厘米。叶较秆长或短，宽 2~4 毫米，边缘稍粗糙，叶鞘带紫红色。花和籽实长侧枝聚伞花序复出，有 1~6 个长短不等的辐射枝，小穗常多个聚集成头状，小穗线形，鳞片宽卵形，顶端钝，中央黄绿色，两侧红褐色。小坚果椭圆形或倒卵状椭圆形，有 3 棱，淡黄色。

分布习性：

　　分布于东北、华北、西北、华南等。多生于湖边、溪边草丛中。

生态用途：

　　湿地野生杂草。

水莎草

学名：*Juncellus serotinus*（Rottb.）C. B. Clarke

别名：三棱草、地筋草、水三棱

科属：莎草科水莎草属

形态特征：

多年生挺水草本植物。根状茎长，秆高 40~100 厘米，散生或成片生长，粗壮，扁三棱形。叶片线形，宽 3~10 毫米。苞片常 3 枚，叶状，较花序长 1 倍多，复出长侧枝聚伞花序具 4~7 个，辐射枝向外展开，长短不等，最长达 20 厘米；每一辐射枝上具 1~4 个穗状花序，小穗排列稍松，近于平展，披针形或线状披针形，具 10~34 朵花。花、果期 5—12 月。

分布习性：

广布于云南、海南、广东等。多生长于浅水或水边沼泽地中。

生态用途：

叶绿光亮，花序顶生，非常漂亮，可用于园林水景绿化布置，也可作切花、插花材料。

断节莎

学名：*Torulinium ferax*（Rich.）Urb.

别名：断节莎草

科属：莎草科断节莎属

形态特征：

  多年生湿生或挺水草本植物。地下根茎短缩，秆单一或数枝，高30~100厘米，三棱状。叶基生，线形，短于秆，叶鞘长。复聚伞花序，叶状苞片6~8枚，较花序长，穗状花序生于秆顶端，圆卵形或球形，密生极多数小穗，小穗近倒卵形或披针状长圆形，小穗轴具关节，具宽翅，雄蕊3枚，柱头3叉。瘦果倒卵形或长圆状倒卵形。花、果期5—10月。

分布习性：

  分布于台湾、福建、江西南部、广东、贵州东北部及云南。生于海拔50~1 400米的阳坡、路边、田中、田边草地或沟边。

生态用途：

  形态独特，宜布置于湖泊、水池及湿地浅水处。

水蜈蚣

学名：*Kyllinga brevifolia* Rottb.

别名：三荚草

科属：莎草科飘拂草属

形态特征：

多年生湿生或挺水草本植物。全株光滑无毛，鲜时有菖蒲的香气。根状茎柔弱，匍匐平卧于地下，形似蜈蚣，节多数，节下生须根多数，每节上有一小苗。秆成列散生，纤弱，高7~20厘米，扁三棱形，平滑。叶窄线形，宽2~4毫米，基部鞘状抱茎，最下2个叶鞘呈干膜质。开花时从秆顶生一球形、黄绿色的头状花序，具极多数密生小穗，下面有向下反折的叶状苞片3枚，所以又有"三荚草"之称，鳞片膜质，背面龙骨状突起，无翅。坚果卵形，极小。

分布习性：

分布于江苏、安徽、浙江、福建、江西、湖南、湖北、广西、广东、四川、云南、黑龙江、吉林、辽宁等。生于水边、路旁、水田及旷野湿地。

生态用途：

湿地田间杂草。全株可入药。

白鹭莞

学名：*Rhynchospora colorata*（L.）H. Pfeiff.

别名：星光草、白鹭草

科属：莎草科刺子莞属

形态特征：

多年生直立型水生草本植物。秆直立，株高 15~30 厘米。叶线形，基生或秆生，先端渐尖。头状花序顶生，苞片细长披针状，下垂，基部上端白色，小穗淡黄色，宛如白鹭栖息于枝头，极为雅致。花期6—9月。

分布习性：

原产美国南部。喜湿润及阳光充足环境，栽培土质以潮湿的壤土为佳。

生态用途：

花苞片会向外扩展下垂，远看颇像天上的星星，故有"星光草"之别称，亦有人认为其扩展的雪白苞片仿佛白鹭展翅而称它"白鹭莞"，充满浪漫遐想，是新兴水生植物中最受欢迎的一种。

水葱

学名：*Scirpus validus* Vahl

别名：葱蒲、水丈葱、冲天草

科属：莎草科藨草属

形态特征：

多年生宿根挺水草本植物。根状茎粗壮而匍匐，须根多。株高 1~2 米，茎秆高大通直，很像食用的大葱，但不能食用，秆呈圆柱状，中空。叶片线形。长侧枝聚伞花序简单或复出。小坚果倒卵形或椭圆形。花、果期 6—9 月。

分布习性：

中国南北均有分布。生长在湖边、水边、浅水塘、沼泽地或湿地草丛中。

生态用途：

株形奇趣，株丛挺立，在湿地草丛中富有特别的韵味。此外，水葱对污水中有机物、氨氮、磷酸盐及重金属有较高的去除率。植物的地上部分可入药，有利水消肿的功效。

菖蒲

学名：*Acorus calamus* L.

别名：水菖蒲、野菖蒲、臭菖蒲、山菖蒲

科属：天南星科菖蒲属

形态特征：

多年生挺水草本植物。具有粗壮的地下根茎，根茎横走，稍扁，分枝，外皮黄褐色，芳香，肉质根多数。叶基生，基部两侧膜质叶鞘剑形，向上渐狭，至叶长 1/3 处渐行消失、脱落，叶片剑状线形，长 90~150 厘米。花序柄三棱形，长 15~50 厘米，叶状佛焰苞剑状线形，长 30~40 厘米，肉穗花序斜向上或近直立，狭锥状圆柱形，花黄绿色。浆果长圆形，红色。花期 6—9 月。

分布习性：

原产中国及日本，广布世界温带、亚热带地区。生于沼泽地、溪流或水田边。

生态用途：

叶丛翠绿，端庄秀丽，具有香气，适宜水景岸边及水体绿化。全株芳香，可作香料或驱蚊虫，茎、叶可入药。

具有粗壮的地下根茎，根茎横走，产生不定芽

肉穗花序从叶中间部位侧边长出

石菖蒲

学名：*Acorus tatarinowii* Schott

别名：九节菖蒲、山菖蒲、药菖蒲、水剑草、香菖蒲

科属：天南星科菖蒲属

形态特征：

多年生挺水或沼生草本植物。植株较矮小，根茎平卧，上部斜生，根茎多分枝。叶基生，叶片剑状带形，排成二列。花茎基生，三棱形，叶状佛焰苞长13~25 厘米，为肉穗花序长的 2~5 倍或更长，稀近等长，肉穗花序圆柱状，花梗绿色。幼果绿色，成熟时黄绿色或黄白色。花、果期 2—6 月。

分布习性：

分布于亚洲，包括印度东北部、泰国北部、中国等。喜阴湿环境，多生于山涧水石空隙中或山沟流水砾石间或林中湿地、沼泽，有时为挺水生长。

生态用途：

自古就为人们喜爱，其栽培历史十分久远，《诗经》中有"彼泽之坡，有蒲与荷"的记载。石菖蒲常绿而具光泽，性强健，能适应湿润，特别是较阴的条件，宜在较密的林下作地被植物。其根茎具芳香气味，常作药用，有祛湿、解毒的功效。

紫芋

学名：*Colocasia tonoimo* Nakai

别名：水芋、东南芋、广菜

科属：天南星科芋属

形态特征：

  多年生湿生草本植物。地下茎球形。叶柄及叶脉紫黑色，叶片盾状或卵状箭形，深绿色，基部具弯缺，侧脉粗壮，边缘波状。肉穗花序两性。花期7—9月。

分布习性：

  中国各地均有栽培。生性强健，喜高温，耐阴，耐湿，基部浸水也能生长。

生态用途：

  常用于水池、湿地栽培或盆栽，主要作为水缘观叶植物。

叶柄及叶脉紫黑色，叶片盾状

肉穗花序，黄色

芋头

学名：*Colocasia esculenta*（L.）Schott

别名：青芋、芋艿、毛芋头

科属：天南星科芋属

被广泛栽植，主要生长在水田、水沟等
潮湿地方

地下茎通常卵形，生多数小球茎

形态特征：

　　多年生挺水或湿生草本植物。地下茎粗大，常为卵形或长圆形，常生多数小球茎，褐色，有纤毛，均富含淀粉，俗称"芋头"，为主要食用部分。叶基生，2~5片成簇，具长柄，长可达1米，盾状着生，叶片卵状，基部心形，叶绿色。花序柄常单生，短于叶柄，肉穗花序短于佛焰苞，栽培品种很少见开花。

分布习性：

　　分布于中国、印度及中南半岛、大洋洲，被广泛栽植。生于水田、水沟等低洼潮湿处，喜高温湿润，不耐旱，较耐阴。

生态用途：

　　叶色美丽，生长健壮，可用于绿化园林水景的浅水处或潮湿地中。块茎富含大量的淀粉及蛋白质、矿物质及维生素，营养丰富，主要供菜用或粮用，也是制作淀粉和酿酒的原料。茎叶可做饲料。全草可入药，茎有调中补虚、益气的功效，叶可除烦止泻。

海芋

学名：*Alocasia macrorrhiza*（L.）Schott

别名：巨型海芋、滴水观音（商品名）

科属：天南星科海芋属

形态特征：

多年生湿生草本植物。具匍匐根茎，有直立的地上茎，地上茎粗壮，高可达 3 米。叶多数，聚生茎顶，叶片卵状戟形。肉穗花序稍短于佛焰苞，雌花序白色，不育雄花序绿白色，能育雄花序淡黄色。浆果红色，卵状，长 8~10 毫米。花期四季，但在密阴的林下常不开花。

分布习性：

分布于华南、西南及台湾，东南亚也有分布。喜高温、潮湿、耐阴，不宜强风吹，不宜强光照。

生态用途：

在生态上有良好作用，可涵养水源、吸收粉尘、净化空气，在园林上可将植物造景和保护生态环境完美结合。但茎和叶内的汁液有毒，含草酸钙、氢氰酸及生物碱，误食会引致舌头麻木、肿大及中枢神经中毒。

龟背竹

学名：*Monstera deliciosa* Liebm.

别名：蓬莱蕉、铁丝兰、穿孔喜林芋

科属：天南星科龟背竹属

形态特征：

多年生常绿湿生草本观叶植物。茎粗壮，有苍白色的半月形叶迹，节间明显，气生根可达1米。叶片大，具长柄，深绿色，幼叶心形，无孔，长大后呈广卵形羽状深裂，长可达60厘米，叶脉间有椭圆形的穿孔，其形状似龟甲图案，茎有节似竹竿，故名"龟背竹"。佛焰苞淡黄色，肉穗花序白色，后变成绿色。花期秋、冬季。

分布习性：

原产墨西哥等美洲热带雨林中。喜温暖湿润、半阴的环境。

生态用途：

叶形奇特，四季常青，气生根线状垂直，极富南国情趣，是重要的大型观叶植物，常用于室内观赏，在华南、西南等地可露地栽培，布置于岸边，幽雅别致，自然大方。其叶形独特，叶片可作鲜切花切叶，也可作插花中的配材。

春羽

学名：*Philodenron selloum* Koch

别名：春芋

科属：天南星科林芋属

形态特征：

    多年生常绿湿生草本观叶植物。株高达1米，茎为直立性，呈木质化，生有很多气生根。叶从茎的顶部向四面伸展，排列紧密、整齐，呈丛生状，叶柄坚挺而细长，可达1米。叶片巨大，卵状心脏形，长可达60厘米，宽40厘米，呈粗大的羽状深裂，浓绿而有光泽。

分布习性：

    原产巴西、巴拉圭等美洲热带地区，华南地区有栽培。喜高温、高湿、半阴的环境。

生态用途：

    叶片巨大，叶形奇特，叶色常绿，富热带雨林气氛，可配置于溪边、湖泊浅水处，由于其极为耐阴，也是良好的室内喜阴观叶植物。

羽叶蔓绿绒

学名：*Philodendron pitfieri* Engl.

别名：仙羽蔓绿绒、奥利多蔓绿绒

科属：天南星科喜林芋属

形态特征：

多年生湿生草本植物。茎有气生根，能够攀缘上升，直立生长。叶片肥大，有长柄，叶片长圆状箭形，绿色，有光泽，并带有黄晕。花单性，佛焰苞肉质，黄色或红色，肉穗花序略短于佛焰苞。

分布习性：

原产巴西。喜高温高湿和较荫蔽环境，适应性强，不耐低温，怕干燥，土壤以肥沃、疏松和排水良好的微酸性沙质壤土为宜。

生态用途：

叶形奇特，四季葱翠，绿意盎然，姿态婆娑，大方清雅，富热带雨林气氛，且耐阴，是较好的室内观叶植物，亦可配置于林下、水池边。

马蹄莲

学名：*Zantedeschia aethiopica*（L.）Spreng.

别名：慈姑花、水芋、观音莲

科属：天南星科马蹄莲属

形态特征：

多年生挺水或湿生草本植物。具肥大肉质块茎，株高 1~2.5 米。叶基生，具长柄，叶柄一般为叶长的 2 倍，上部具棱，下部呈鞘状折叠抱茎，叶卵状箭形，全缘，鲜绿色。花梗着生于叶旁，高出叶丛，佛焰包形大、开张，呈马蹄形，肉穗花序包藏于佛焰苞内，圆柱形，鲜黄色，花序上部生雄蕊，下部生雌蕊。果实肉质，包在佛焰包内。开花期随地区而异。

分布习性：

原产非洲南部，现世界各地均有栽培。常生于河旁或沼泽地中，喜温暖，不耐寒，不耐高温，生长适宜温度为 20℃左右，0℃时根茎就会受冻死亡。

生态用途：

叶片翠绿，花苞片洁白硕大，宛如马蹄，形状奇特美丽，花期较长，可用于水景园湿地布置，也可盆栽作室内装饰，马蹄莲是切花、花束、花篮的理想材料，在国际花卉市场上已成为重要的切花品种之一。花有毒，内含大量草本钙结晶和生物碱，误食会引起昏迷等中毒症状。可药用，鲜马蹄莲块茎适量，捣烂外敷，治烫伤，禁忌内服。

肉穗花序包藏于佛焰苞内，佛焰包形大、开张、呈马蹄形

肉穗花序圆柱形，鲜黄色

梭鱼草

学名：*Pontederia cordata* L.

别名：北美梭鱼草、海寿花

科属：雨久花科梭鱼草属

叶片较大，深绿色，光滑，叶形多变，大部分为倒卵状披针形

形态特征：

多年生挺水或湿生常绿草本植物。株高 80~150 厘米，地下茎粗壮，黄褐色，有芽眼。叶丛生，叶柄绿色，圆筒形，叶片较大，长可达 25 厘米，宽可达 15 厘米，深绿色，叶片光滑，叶形多变，大部分为倒卵状披针形，基生叶广心形。穗状花序顶生，长 5~20 厘米，每条花穗密集 200 朵以上小花，蓝紫色带黄斑点，花葶直立，通常高出叶面，果实初期绿色，成熟后褐色。果皮坚硬；种子椭圆形。花、果期 5—10 月。

分布习性：

原产北美洲，中国广为分布。适宜在 20 厘米以下的浅水中生长，喜温暖湿润、光照充足的环境。

生态用途：

可用于家庭盆栽、池栽，也可广泛用于河道两侧、池塘四周、人工湿地等地园林美化，具有较好的观赏价值。

小花密集，蓝紫色带黄斑点

黄菖蒲

学名：*Iris pseudacorus* L.

别名：黄鸢尾、水生鸢尾、黄花鸢尾

科属：鸢尾科鸢尾属

形态特征：

多年生湿生或挺水宿根草本植物。植株高大，根茎短粗。叶子茂密，基生，绿色，长剑形，长60~100厘米，中肋明显，并具横向网状脉。花茎稍高出于叶，垂瓣上部长椭圆形，基部近等宽，具褐色斑纹或无，旗瓣淡黄色，花径8厘米。蒴果长形，内有种子多数；种子褐色，有棱角。花期4—5月；果期6—8月。

分布习性：

原产欧洲，中国各地常见栽培。喜温暖湿润及阳光充足环境，生于河湖沿岸的湿地或沼泽地上，亦可在水中挺水栽培，适应范围广泛。

生态用途：

水生花卉中的骄子，花色黄艳，花姿秀美，观赏价值极高，可布置于园林中的池畔河边的水湿处或浅水区，既可观叶，亦可观花。

花菖蒲

学名：*Iris ensata* Thunb. var. *hortensis* Makino et Nemoto

别名：玉蝉花

科属：鸢尾科鸢尾属

叶线形，中脉明显，花茎实心

蓝色花系

粉红色系

洋红色花系

形态特征：

多年生宿根挺水或湿生花卉。根状茎短而粗，须根多并有纤维状枯叶梢。叶基生，线形，叶中脉凸起，两侧脉较平整。花葶直立并伴有退化叶 1~3 枚，花大，直径可达 15 厘米，花色有黄色、鲜红色、蓝色、紫色等，外轮 3 枚花瓣呈椭圆形至倒卵形，中部有黄斑和紫纹，立瓣狭倒披针形，花柱分枝 3 条，花瓣状，顶端二裂。蒴果长圆形，有棱；种皮褐黑色。花、果期 3—7 月。

分布习性：

分布于黑龙江、吉林、辽宁、山东、浙江，在日本栽培最盛。耐寒，喜水湿，在肥沃、湿润土壤条件下生长良好，自然状态下多生于沼泽地或河岸水湿地。

生态用途：

园艺品种繁多，花朵硕大，色彩艳丽，如鸢似蝶，群体花期较长，叶片青翠碧绿、挺直似剑，观赏价值极高，无论以盆栽点缀景色，还是地栽造景、池畔或水景花园配置，或做切花点缀家居，都十分适宜。

日本鸢尾

学名：*Iris japonica* Thunb.

别名：扁竹根、扁竹兰、蝴蝶花

科属：鸢尾科鸢尾属

形态特征：

多年生湿生草本植物。根状茎可分为较粗的直立根状茎和纤细的横走根状茎，直立的根状茎扁圆形，具多数较短的节间，棕褐色，横走的根状茎节间长，须根生于根状茎的节上，分枝多。叶基生，暗绿色，有光泽，剑形，长 25~60 厘米，宽 1.5~3 厘米，顶端渐尖，无明显的中脉。花茎直立，高于叶片，顶生稀疏总状聚伞花序，分枝 5~12 个，苞片 3~5 枚，叶状，宽披针形或卵圆形，其中包含 2~4 朵花，花淡蓝色或蓝紫色，直径 4.5~5 厘米，外花被裂片倒卵形或椭圆形，内花被裂片椭圆形或狭倒卵形。蒴果椭圆状柱形，无喙，6 条纵肋明显。花、果期 3—6 月。

分布习性：

分布于日本及中国的华南、西南、华中、华东等。生于山坡较荫蔽而湿润的草地及水边湿地，喜温暖湿润，极耐阴，稍耐寒。

生态用途：

花形优美，花枝挺拔，可在林缘、水边湿地片植绿化。全草可入药，有清热解毒、消肿止痛等功效。

德国鸢尾

学名：*Iris tectorum* Maxim.

别名：蓝蝴蝶、紫蝴蝶、扁竹花

科属：鸢尾科鸢尾属

形态特征：

　　多年生湿生草本植物。根状茎粗壮而肥厚，常分枝，扁圆形，斜伸，具环纹，黄褐色。须根肉质，黄白色。叶直立或略弯曲，淡绿色、灰绿色或深绿色，常具白粉，叶剑形，顶端渐尖，基部鞘状，常带红褐色，无明显的中脉。花茎光滑，黄绿色，高60~100厘米，上部有1~3个侧枝，中下部有1~3枚茎生叶。花大，鲜艳，花色因栽培品种而异，多为淡紫色、蓝紫色、深紫色或白色，有香味。蒴果三棱状圆柱形。花期4—5月；果期6—8月。

分布习性：

　　原产欧洲，分布于中国中南部。多生于坡地、林缘及水边湿地，喜温暖湿润及阳光充足环境。分株繁殖。

生态用途：

　　叶片碧绿青翠，花形大而奇，宛若翩翩彩蝶，是庭园中的重要花卉之一，也是优美的盆花、切花和花坛用花，还可用作地被植物。

巴西鸢尾

学名：*Neomarica gracilis* Sprague

别名：马蝶花、鸢尾兰、玉蝴蝶、美丽鸢尾

科属：鸢尾科巴西鸢尾属

形态特征：

多年生湿生草本植物。株高 40~50 厘米。叶从基部根茎处抽出，呈扇形排列，叶片二列，带状剑形，革质，深绿色。花从花茎顶端鞘状苞片内开出，花茎扁平似叶状，但中肋较明显突出，花茎高于叶片，花瓣 6 枚，其中 3 枚为外翻的白色苞片，基部有红褐色斑块，另 3 枚直立内卷，为蓝紫色并有白色线条。花期春季至初夏，每朵花只开一天，通常上午开放，至 15：00—16：00 就开始内卷枯萎，但花鞘内的花开完后，会长出小苗，小苗越长越大，最后降至土表，发根成苗，而小苗隔年就有开花能力。

分布习性：

原产巴西，中国南方引种栽培。喜温暖湿润、半阴的环境。

生态用途：

叶片碧绿青翠，花形独特高雅、风韵秀气，似翩翩起舞的蝴蝶飞舞于绿叶之间，是庭院重要的观赏花卉，常用作林下、水缘边的地被植物，也可用作盆花、切花和花坛用花。根茎可药用。

射干

学名：*Belamcanda chinensis*（L.）DC.

别名：乌扇、蝴蝶花、绞剪草、剪刀草、山蒲扇、野萱花、蝴蝶花

科属：鸢尾科射干属

形态特征：

多年生湿生草本植物。株高 50~120 厘米，茎直立，实心。根状茎为不规则的块状，斜伸，黄色或黄褐色，须根多数，带黄色。叶互生，剑形，长 20~60 厘米，宽 2~4 厘米，基部鞘状抱茎，顶端渐尖，无中脉，有白粉。伞房花序顶生，苞片膜质，花被 6 枚，橙红色带鲜红色斑点，雄蕊 3 枚，着生于花被基部，花柱棒状，顶端 3 浅裂，花橙红色，散生紫红褐色的斑点。蒴果倒卵形或长椭圆形；种子黑色，近球形。花、果期 6—11 月。

分布习性：

分布于世界的热带、亚热带及温带地区，广布于中国各地。多生于山坡、草地，喜温暖和阳光，对土壤要求不严格。

生态用途：

植株生长健壮，花形飘逸，叶形优美，适用于路边、溪边或坡地片植或丛植绿化观赏，也可用于水体绿化、湿地绿化。其根茎可入药，有清热解毒、消痰、利咽等功效。茎叶可作造纸原料。

再力花

学名：*Thalia dealbata* Fraser

别名：水竹芋、水莲蕉、塔利亚

科属：竹芋科再力花属

形态特征：

　　多年生挺水草本植物。植株高大，全株附有白粉。地下根茎发达。根出叶，叶大，卵状披针形，边缘紫色，长50厘米，宽25厘米，叶柄极长，叶鞘大部分闭合。复总状花序，花柄可高达2米，花小，紫堇色。

分布习性：

　　原产美国南部和墨西哥。喜温暖水湿及阳光充足环境，不耐寒，耐半阴，怕干旱。

生态用途：

　　植株高大美观，硕大的叶片形似芭蕉叶，叶色翠绿可爱，花序高出叶面，亭亭玉立，花朵素雅别致，是水景绿化的上品花卉，有"水上天堂鸟"的美誉。除供观赏外，再力花还有净化水质的作用，是重要的水景花卉。

花小，紫堇色

红鞘水竹芋

学名：*Thalia geniculata* L.

别名：红鞘再力花、垂花水竹芋

科属：竹芋科再力花属

红鞘水竹芋生长状，叶片为长卵圆形

形态特征：

多年生挺水植物。株高 1~2 米，地下具根茎。叶鞘为红褐色，叶片长卵圆形，先端尖，基部圆形，全缘，叶脉明显。花茎可达 3 米，直立，花序细长，弯垂，花不断开放，花梗呈"之"字形，苞片具细茸毛，花冠粉紫色，先端白色。花期夏、秋季。

分布习性：

原产中非及美洲，近年来中国引种栽培。喜温暖水湿及阳光充足环境，耐寒性较差。

生态用途：

适于庭院湿地、水池或大型水盆栽培。除供观赏外，还可净化水质，是市场上重要的水景花卉。

花序细长，弯垂，花不断开放，花梗呈"之"字形

皇冠草

学名：*Echinodorus amazonicus* Rataj

别名：亚马逊剑草、王冠草

科属：泽泻科皇冠草属

形态特征：

　　多年生挺水或沉水草本植物。株高达 50 厘米，具根茎。叶基生，呈莲座状排列，具柄，嫩叶呈红棕色，叶片椭圆状披针形，长 10~20 厘米，宽 6~10 厘米，叶柄长 5~15 厘米，水中叶长披针形，叶柄短。总状花序，白色，花瓣 3 枚，雄蕊 6~9 枚。瘦果。在广州花期几乎全年。

分布习性：

　　原产巴西，中国各地有栽培。喜温暖、通风良好的环境，适应性强，对土壤要求不严格，沼泽地及长期积水地均能生长良好。

生态用途：

　　大型丛生水草，叶形优美，色泽青翠，花姿优雅，洁白的花瓣，淡黄色的花心，极具观赏价值。也能作为沉水植物在水中种植，但在水下和水上的叶片形状会发生变化，是水族箱主要景观水草之一。

花

花皇冠

学名：*Echinodorus berteroi*（Spreng.）Fassett

科属：泽泻科皇冠草属

形态特征：

多年生挺水或沉水草本植物。株高达50厘米，根状茎直立。叶基生，多数呈莲座状排列，嫩叶呈棕色，有红棕色斑点，叶形富于变化，幼叶窄、无柄、尖锐；成熟叶中的水上叶长椭圆状披针形，长20~30厘米，宽3~4厘米，具柄，黄色叶脉；水中叶叶柄短，长披针形，当有漂浮的叶子出现时，那些水面下的叶子就会消失。总状花序，花葶直立，花序分枝轮生，花白色，花瓣3枚。瘦果。在广州花期几乎全年。

分布习性：

分布于北美洲南部，在中国长江中下游及以南地区有分布。喜温暖、通风良好的环境，适应性强，对土壤要求不严格，沼泽地及长期积水地均能生长良好。

生态用途：

常见的热带水草，四季常绿，花开不断，既可观叶又可观花，是非常漂亮的水景观赏花卉，同时也可作沉水植物栽培。

大叶皇冠草

学名：*Echinodorus macrophyllus*（Kunth）Micheli

别名：巨叶皇冠草

科属：泽泻科皇冠草属

形态特征：

多年生水生或沼生草本植物。株高 50~70 厘米，根状茎直立。叶基生，多数；挺水叶呈剑形、心形或椭圆形，长 20~30 厘米，宽 15~20 厘米，叶柄与叶等长或稍长，叶柄上方有刺，5 条纵叶脉明显；水中叶呈心形或圆形，绿色，叶柄上有刺。总状花序，花葶直立，花序分枝轮生，花白色。在广州可全年开花。

分布习性：

原产圭亚那、巴西西部至阿根廷，现中国各地有栽培。喜温暖、通风良好的环境，适应性强，对土壤要求不严格，沼泽地及长期积水地均能生长良好。

生态用途：

大叶皇冠草是皇冠草属中叶片最大的种类，叶片宽大，翠绿，叶形美观，花色洁白淡雅，可用于水景绿化布置，也可用于沉水景观布景观赏。

宽叶泽苔草

学名：*Caldesia grandis* Sam.

别名：圆叶泽泻

科属：泽泻科泽苔草属

形态特征：

多年生水生或沼生草本植物。根状茎直立，通常较小。叶基生，多数，叶片扁圆形，长约 4.5 厘米，宽约 6.5 厘米，先端凹，基部浅心形，有 7~9 条弧形脉，叶柄长 30~50 厘米。圆锥花序直立，两性花，花白色。

分布习性：

分布于马来西亚、印度，以及中国广东、台湾等。常生于湖边浅水中或沼泽地，喜光照充足，生长适宜温度 16~30℃，越冬温度不宜低于 5℃，不耐寒。

生态用途：

长势强，成形快，常用于园林水景绿化及盆栽观赏，也可用于水体边缘或浅水区种植。

慈姑

学名：*Sagittaria trifolia* L.

别名：剪刀草、燕尾草

科属：泽泻科慈姑属

形态特征：

多年生挺水或沼生草本植物。植株直立，株高50~100厘米。地下具根茎，先端形成球茎，球茎表面附薄膜质鳞片，端部有较长的顶芽。叶片着生于基部，出水叶呈箭形，叶片箭头状，全缘，叶柄较长，中空；沉水叶多呈线状。花茎直立，多单生，上部着生出轮生状圆锥花序，小花单性同株或杂性株，白色，不易结实。花期7—9月。

分布习性：

分布于中国长江流域及其以南各省区，太湖沿岸及珠江三角洲为主产区。生于湖泊、池塘、沼泽、沟渠、水田等水域。

生态用途：

叶形奇特，适应能力较强，可作为水边、岸边的绿化材料，也可作为盆栽观赏。地下球茎含丰富的淀粉、蛋白质及其他矿物质和维生素等，常作蔬菜食用，可煮食、炒食和制淀粉，亦可入药。

矮慈姑

学名：*Sagittaria pygmaea* Miq.

别名：凤梨草、瓜皮草、线叶慈姑

科属：泽泻科慈姑属

形态特征：

　　一年生、稀多年生沼生或沉水草本植物。有时具短根状茎，匍匐茎短细，末端的芽几乎不膨大，通常当年萌发形成新株，稀有越冬芽。叶条形，稀披针形，长 2~30 厘米，宽 0.2~1 厘米，光滑，先端渐尖，或稍钝，基部鞘状，通常具横脉。花葶高 5~35 厘米，直立，通常挺水，花序总状，长 2~10 厘米，具花 2（~3）轮，花单性，外轮花被片绿色，内轮花被片白色。瘦果近倒卵形。花、果期 5—11 月。

分布习性：

　　分布于华南、华中及西南等，越南、泰国、朝鲜、日本等也有分布。生于沼泽、水田、沟溪浅水处。

生态用途：

　　植株矮小，叶色宜人，无论是地栽还是盆栽，均能够给环境增添野趣，带来绿意。全草可入药，有清热、解毒、利尿等功效。

蒙特登慈姑

学名：*Sagittaria montevidensis* Cham. & Schltdl.

别名：大慈姑、爆米花慈姑、冠果草、美洲慈姑

科属：泽泻科慈姑属

蒙特登慈姑在湖中生长

叶

花

形态特征：

　　多年生挺水或沼生草本植物。植株高大粗壮，株高60~120厘米。根状茎肥大，呈球形或卵圆形。叶片宽大肥厚，先端开裂，叶剪刀状三角形，叶柄圆柱形，中空。花葶直立，挺出水面，花序圆锥形，由下向上不断开花，花较大，白色，花冠3枚，花瓣上具有红褐色斑点。花期6月至翌年2月。

分布习性：

　　分布于南美洲地区。喜高温高湿环境，在深水与陆地上长势差，在肥水充足的条件下生长极旺盛。

生态用途：

　　花序大，花色鲜艳，叶形奇独，花期长达8个月，是优良的观花水生植物，常作为水景植物群植或丛植于湖泊、溪流浅水处，也可盆栽观赏。块茎肥大，可供食用。

禾叶慈姑

学名：*Sagittaria graminea* Michx.

别名：条叶慈姑、中水兰

科属：泽泻科慈姑属

形态特征：

　　多年生挺水或沼生草本植物。植株较高大，株高40~100厘米。地下具根茎，先端形成球茎。叶基生，长卵形，长20~30厘米，因其叶片在远端宽阔而得名，叶柄为圆柱状，中空。从叶腋抽生花枝，花葶直立，总状花序，长5~20厘米，具花多轮，雌雄同株异花，雌花生于总状花序下部1~3（4）节，雄花生于总状花序上部的4~8（11）节，花白色，单生，3朵花一轮，子房上位。聚合瘦果密集成球形，黄褐色。在广州花期几乎全年。

分布习性：

　　原产北美洲，在中国东北鸭绿江口湿地及广州海珠湿地已有分布，属外来种。生于浅水沼泽、河流、湖泊及河口潮汐区域，适应性强，喜光，喜水肥充足的沟渠及浅水，生长的适宜温度为20~25℃。

生态用途：

　　植株叶片宽大翠绿，生长繁茂，花朵硕大、美丽，是优良的水生观叶和观花植物。在稻田中扩散和难以根除的根茎，其被美国农业部列为B级杂草，引种时应该加以注意。

雄花生于总状花序上部　　　　聚合瘦果密集成球形

泽泻慈姑

学名：*Sagittaria lancifolia* L.

别名：中水兰

科属：泽泻科慈姑属

形态特征：

多年生挺水草本植物。根状茎匍匐，白色。沉水叶条形，丝带状；挺水叶长卵形至长披针形，青绿色，叶柄长 30~50 厘米。花葶高 60 厘米，直立挺出水面，花白色，每朵花瓣 3 枚。花、果期 3—11 月。

分布习性：

原产中美洲及南美洲北部，现中国有引种栽培。生于湖边、池塘、溪流及积水湿地中，是一种稀有的沼泽植物。

生态用途：

洁白的小花点缀在嫩绿青翠的叶丛中，非常美丽，是优良的水生观叶和观花植物。

黄花蔺

学名：*Limnocharis flava*（L.）Buch.

科属：花蔺科黄花蔺属

形态特征：

　　多年生挺水草本植物。株高达 110 厘米。叶基部丛生，挺出水面，叶片卵形至近圆形，亮绿色，先端圆形或微凹，基部钝圆或浅心形，叶柄粗壮，三棱形。花葶基部稍扁，上部三棱形，伞形花序，顶生，有花 2~5 朵，花瓣 6 枚，浅黄色。花期 7—9 月。

分布习性：

　　分布于云南西双版纳和广东、海南沿海岛屿上，东南亚、美洲热带地区分布较为普遍。多生于沼泽地或浅水中，稻田中也很常见，喜温暖、湿润，在通风良好的环境中生长最佳。

生态用途：

　　植株株形奇特，整个夏季开花不断，黄色花朵灼灼耀眼，植株中型，在体量上适合各类水景使用，是应用最广泛的种类之一，可单植或 3~5 株丛植，也可成片布置，还可用盆栽、缸栽，摆放到庭院供观赏。

花小，黄色

花序伞形

水生美人蕉

学名：*Canna glauca* L.

别名：佛罗里达美人蕉

科属：美人蕉科美人蕉属

形态特征：

多年生大型挺水或湿生草本植物。植株丛生，株高70~150厘米，具有肉质的地下根状茎。叶片卵状长披针形，暗绿色。总状花序顶生，具苞片，每个苞片有花1~2朵，萼片3枚，离生，披针形雄蕊瓣化，花径大，约10厘米，花呈黄色、橘红色或粉红色。蒴果球形。温带地区花期4—10月，热带和亚热带地区全年开花。水生美人蕉与美人蕉属下其他种最大的区别是根状茎细小，节间延长，耐水淹，在20厘米深的水中能正常生长。

分布习性：

原产南美洲，为粉美人蕉的园艺杂交种，广布于美国的东南部，目前世界很多地区均引进种植。生性强健，适应性强，喜温暖湿润及阳光充足环境，怕强风，在原产地无休眠期，周年生长开花，边开花边结果，适宜于潮湿及浅水处生长。

生态用途：

叶茂花繁，花色艳丽而丰富，花期长，对重金属铅、汞、镉等有吸收能力，是湿地系统净化水质的最佳材料，也可点缀在水池中，是庭院观花、观叶良好的花卉植物。水生美人蕉还是净化空气的良好材料，对硫、氯、氟等有害气体有一定的抗性和吸收能力。可做切花材料。

紫叶美人蕉

学名：*Canna warszewiczii* A. Dietr.

别名：兰蕉

科属：美人蕉科美人蕉属

形态特征：

多年生湿生或陆生草本植物。株高达150厘米，茎粗壮，紫红色，被蜡质白粉，有很密集的叶。叶片卵形或卵状长圆形，暗绿色，叶脉多少染紫色或古铜色。总状花序超出于叶之上，苞片紫色，卵形，萼片披针形，紫色，花冠裂片披针形，长4~5厘米，深红色。花期5—11月。

分布习性：

原产美洲、非洲和亚洲热带地区，中国南方有栽培。喜温暖湿润，不耐霜冻。

生态用途：

花大色艳，株形好，可在湖边、岸边栽植观赏，也可盆栽、地栽，装饰花坛。

大花美人蕉

学名：*Canna generalis* L. H. Bailey & E. Z. Bailey

别名：鸳鸯美人蕉、大美人蕉

科属：美人蕉科美人蕉属

形态特征：

多年生湿生或陆生草本植物。株高 100~150 厘米，根茎肥大，有块状的地下茎。叶大，阔椭圆形，螺旋状排列，有明显的中脉和羽状的平行脉，叶柄呈鞘状抱茎，茎叶具白粉。花朵较大，直径可达 20 厘米，花瓣直伸，具 4 枚瓣化雄蕊，花有乳白色、黄色、橘红色、粉红色、大红色至紫红色。广州地区种植全年几乎可开花。

分布习性：

广泛分布于美洲热带地区，现中国各地常见栽培。喜温暖湿润，不耐霜冻，性强健，稍耐水湿。

生态用途：

叶片翠绿，花朵艳丽，适合成片种植、丛植，也可点缀在池塘边，是园林绿化观叶、观花的优良草本植物。

金脉美人蕉

学名：*Canna indica* L. var. *variegata*

别名：花叶美人蕉、线叶美人蕉

科属：美人蕉科美人蕉属

形态特征：

 多年生湿生或陆生草本植物。植株丛生，株高达 130 厘米，地下有根茎。叶宽大互生，柄鞘抱茎，卵状披针形，表面具有乳黄或乳白色平行脉线，叶缘具红边。花顶生，总状花序，橙红色。蒴果绿色，长卵形。春末至秋季均能开花，以夏季最盛。

分布习性：

 原产印度，中国各地均有广泛栽培。喜高温湿润及阳光充足环境，不耐寒，耐半阴，畏干热，栽培以疏松肥沃的沙壤土为好。

生态用途：

 叶姿优美，为美人蕉属中最为俏丽的观叶植物，适合庭园或水景美化。

灯心草

学名：*Juncus effusus* L.

别名：灯草、水灯花、水灯心

科属：灯心草科灯心草属

形态特征：

多年生湿生草本植物。株高40~100厘米，根状茎粗壮，横走，密生须根。秆丛生，直立，圆形，有纵沟纹，茎内充满乳白色的髓，成簇生长。叶片退化呈刺芒状。聚伞花序假侧生，总苞片生于顶端，似秆的延伸，花被片6枚，线状披针形，雄蕊3枚，短于花被片，花小，淡绿色，具短柄。蒴果卵状长圆形，3裂。花果期3—7月。

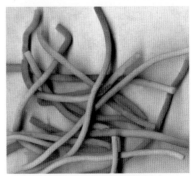

灯心草药材

分布习性：

广布全世界，中国各省区均有。生于河边、池旁、水沟边、稻田旁、草地上或沼泽湿处。

生态用途：

可用于点缀驳岸浅水处或片植于湖泊、池塘、溪流浅水处，多用于水体与陆地接壤处的绿化，也可盆栽观赏。茎皮可作编织原料，茎髓还可作灯心之用。全草可入药，有利尿、清凉镇静的功效。

秆直立，圆形

聚伞花序假侧生

107

水芹

学名：*Oenanthe javanica*（Blume）DC.

别名：水英、野芹菜

科属：伞形科水芹菜属

形态特征：

多年生湿生或挺水草本植物。植株光滑无毛，株高 15~80 厘米，茎直立或基部匍匐。基生叶有柄，柄长达 10 厘米，基部有叶鞘，叶片轮廓三角形，一至二回羽状分裂，边缘有齿状锯齿；茎上部叶无柄，裂片和基生叶的裂片相似，较小。复伞形花序顶生或腋生，花小，白色。不结实或种子空瘪。花、果期 3—9 月。

分布习性：

原产亚洲东部，几乎遍布于中国。多生于低湿地或水沟浅水中，喜温暖湿润环境，喜光，稍耐寒，不耐旱。

生态用途：

湿生观叶植物，可片植于河岸、湖泊、沼泽湿地环境用于绿化观赏。全草可入药，有清热解毒、养精益气、降低血压、宣肺利湿等功效。可作蔬菜栽培，其嫩茎及叶柄质鲜嫩，清香爽口，可生拌或炒食。

因外观与芹菜相似，故有水芹之名

异叶石龙尾

学名：*Limnophila heterophylla*（Roxb.）Benth.

别名：异叶石龙美

科属：玄参科石龙尾属

形态特征：

　　多年生沉水或挺水草本植物。茎细长，沉水部分无毛或几无毛，水下茎节有须根，挺水部分长6~40厘米，少分枝。叶形多变，从水下到水面，叶形由丝状逐渐过渡到披针状椭圆形。沉水叶长2~5厘米，羽状深裂，裂片丝状，轮生；挺水叶对生，无柄，椭圆形至披针状椭圆形，具圆齿。花具极短的梗而单生于叶腋，无小苞片，花淡紫色。蒴果近球形，浅褐色。盛花期在7月，花期极长，除冬季及早春外，都有花开。

分布习性：

　　分布于广东、福建等，南亚及东南亚也有分布。生于水塘、沼泽、水田、路旁或沟边湿处，喜温暖湿润及阳光充足环境，较耐寒，不耐旱。

生态用途：

　　叶形多变，花期长，花色鲜艳，是非常难得的园林水景植物，可点缀于溪流、湖泊浅水处，也可水族箱栽培观赏。对研究植物从水生到陆生的进化具有很高的价值。

异叶石龙尾因沉水叶与挺水叶形态不同而得名

挺水叶对生，椭圆形至披针状椭圆形

沉水叶羽状深裂，裂片丝状，轮生

香彩雀

学名：*Angelonia salicariifolia* Humb.

别名：夏季金鱼草、天使花、水仙女、蓝天使

科属：玄参科香彩雀属

形态特征：

多年生湿生或陆生草本植物。株高 40~60 厘米，分枝性强，全株被腺毛。叶对生或上部互生，无柄，披针形或条状披针形，具尖而向叶顶端弯曲的疏齿。花单生于叶腋，花有紫色、粉色、白色等，花瓣唇形，上方四裂，花梗细长。花期长，可全年开花。

分布习性：

原产南美洲。喜光，喜温暖，耐高温，不耐寒。

生态用途：

花形小巧，花色淡雅，花量大，开花不断，观赏期长，且对炎热高温的气候有极强的适应性，是优秀的花草品种之一，既可地栽，也可盆栽或容器组合栽植，用于水岸绿化观赏。

千屈菜

学名：*Lythrum salicaria* L.

别名：水枝柳、水柳、对叶莲

科属：千屈菜科千屈菜

形态特征：

多年生湿生草本植物。根茎横卧于地下，粗壮。地上茎直立，株高 30~100 厘米，全株青绿色，略被粗毛或密被茸毛，多分枝，枝通常具 4 棱。叶对生或 3 枚轮生，披针形。总状花序生于上部叶腋，花多数，密集，花有粉色、洋红色至紫色。蒴果扁圆形。夏、秋季开花。

分布习性：

全国各地有栽培。多生于河岸、湖畔、溪沟边和潮湿草地，喜光、湿润、通风良好环境，耐盐碱，在肥沃、疏松的土壤中生长效果更好。

生态用途：

株丛整齐，耸立清秀，花色艳丽，花期长，是水景中优良的竖线条材料，可片植于浅水岸边或河畔，也可丛植于池塘浅水处，还可作花境材料及切花。全草可药用，有收敛止泻之功效。

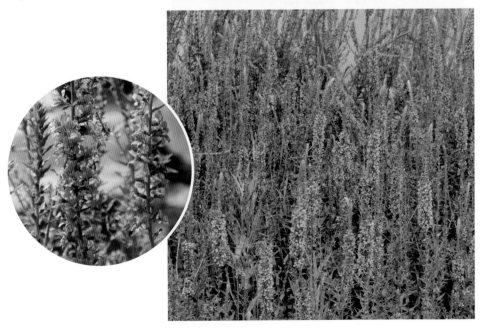

圆叶节节菜

学名: *Rotala rotundifolia*（Buch.-Ham. ex Roxb.）Koehne.

别名: 水豆瓣、水松叶、过塘蛇

科属: 千屈菜科节节菜属

形态特征:

    多年生挺水、沉水或湿生草本植物。直立或匍匐生长，株高达 30 厘米，茎部常呈红色。叶对生，挺水叶近圆形，无柄；沉水叶变化大，线形至长椭圆形或长披针形，常呈红色。穗状花序顶生，具 2~3 分枝，花瓣 4 枚，粉红色。蒴果椭圆形。花、果期 12 月至翌年 6 月。

分布习性:

    分布于广东、广西、福建、台湾、浙江、江西、湖南、湖北、四川、贵州、云南等，印度、斯里兰卡、日本及中南半岛也有分布。多生于水边、沟渠或潮湿的地方。

生态用途:

    叶片翠绿，花色艳丽，可用于湿地绿化，片植于湖泊、河边浅水处，也可栽植于水族箱观赏。也作饲料用。

空心莲子草

学名：*Alternanthera philoxeroides*（Mart.）Griseb.

别名：喜旱莲子草、空心苋、革命草、水花生

科属：苋科莲子草属

形态特征：

多年生挺水或湿生草本植物。株高 10~30 厘米，茎基部匍匐，具分枝，中空，横卧或斜生，幼茎及叶腋有白色或锈色柔毛。叶片对生，倒卵状披针形，几无柄。头状花序腋生，有较长的花梗，花被白色。花期 5—10 月。

花

分布习性：

原产巴西，目前已经在热带、亚热带和暖温带地区广泛归化，在中国大量分布于华中、华东、华南和西南。现逸为野生，大量生于旷野路边、水边、田边潮湿处。

生态用途：

1930 年传入中国，由于它能够入侵多种生境并且生长迅速、难以控制，被列为中国首批外来入侵物种。其嫩茎叶可作蔬菜食用，也可作牛、兔及猪的饲料。

茎中空，匍匐生长于水面

木贼

学名：*Equisetum hyemale* L.

别名：木贼草

科属：木贼科木贼属

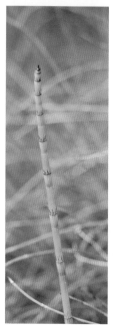

形态特征：

　　多年生挺水或湿生草本植物。株高 30~100 厘米，根状茎粗短，黑褐色，横生地下，节上生黑褐色的根。地上茎直立，单一或仅于基部分枝，直径 6~8 毫米，中空，有节，表面灰绿色或黄绿色，有纵棱沟壑 0~30 条，粗糙。

分布习性：

　　分布于中国各地。生于林下阴湿处、湿地、溪边，喜阴湿环境，有时也生于杂草地。

生态用途：

　　生长迅速，植株整齐美丽，可片植于水边或人工溪流处。全草可入药。

水蓼

学名：*Polygonum hydropiper* L.

别名：辣蓼

科属：蓼科蓼属

形态特征：

　　一年生湿生或挺水草本植物。株高30~80厘米，直立或下部伏地，茎光滑无毛，节常膨大，红紫色。叶互生，披针形至卵状披针形，先端渐尖，基部楔形，托叶鞘管状、膜质，有短缘毛，叶柄短。总状花序呈穗状，腋生或顶生，细弱下垂，花序排列稀疏，苞片漏斗状，有疏生短缘毛，小花具细花梗而伸出苞外，花被4~5裂，卵形或长圆形，淡绿色或淡红色，有腺状小点。瘦果卵形。花、果期4—10月。

分布习性：

　　中国大部分地区有分布。生于湖边、浅水或湿地中。

生态用途：

　　田间杂草。可入药，有化湿、行滞、祛风、消肿的功效。

火炭母

学名：*Polygonum chinense* L.

别名：火炭星、白饭藤

科属：蓼科蓼属

形态特征：

多年生湿生草本植物。茎近直立或斜升，长40~150厘米，呈偏圆柱形，略具棱沟，光滑或被疏毛或腺毛，斜卧地面或依附而生，多分枝，伏地者节处生根，嫩枝紫红色。叶互生，卵状长椭圆形或卵状，顶端渐尖，基部截形、矩圆形或近心形，全缘或具细圆齿，托叶膜质鞘状，抱茎。头状花序，再组成圆锥或伞房花序，顶生或腋生，小花白色、淡红色或紫色。瘦果初为三角形，成熟时球形，黑色。花、果期7—10月。

分布习性：

分布于华南、华东、华中及西南，日本、菲律宾、马来西亚、印度均有分布。生于山谷、灌丛、水沟边或湿地上，喜温暖湿润环境。

生态用途：

园林垂直绿化材料，适合湿地、庭院、花径或建筑物周围栽植，颇有野趣。根和茎可入药，有清热利湿、凉血解毒、平肝明目的功效。

水丁香

学名：*Ludwigia octovalvis*（Jacq.）Raven

别名：毛草龙、丁香蓼

科属：柳叶菜科丁香蓼属

形态特征：

　　亚灌木状湿生草本植物。茎直立，株高 40~100 厘米或更高，全株被细毛，茎常木质化，多分枝。叶互生，长披针形至近卵形，先端尖。花单生于叶腋，花瓣 4 枚，黄色，宽卵形，长 5~17 毫米，先端凹。蒴果圆柱形，红褐色。花、果期 7—10 月。

分布习性：

　　广布于热带与亚热带地区，分布于台湾、广东、香港、海南、广西、云南南部等。多生于田边、塘边、沟谷旁及湿地处，常与细叶水丁香相伴出现。

生态用途：

　　良好的园林水景造景材料，可植于水边、湿地或药草园。全草可入药，有利尿消肿、清热解毒的功效。

水龙

学名：*Ludwigia adscendens*（L.）H. Hara

别名：过塘蛇、过江藤、过江龙

科属：柳叶菜科水龙属

形态特征：

多年生浮水或湿生草本植物。匍匐于水田中或浮出水面，全株无毛。茎圆柱形，基部匍匐状，由节部生出多数须根，似爪状向两侧伸展，并依靠茎节上簇生的白色海绵状浮水器浮于水面，横行江湖之上，形似蛟龙戏水，故名"水龙"。叶互生，倒卵形、椭圆形或倒卵状披针形，长3~7厘米，宽1~2厘米，全缘，先端钝形或稍尖，羽状脉明显，基部狭窄成柄，两侧具有小而似托叶的腺体。花单生于上部叶腋，白色或淡黄色。蒴果淡褐色，圆柱状。花期5—8月。

分布习性：

分布于长江以南各省区。生于沟渠、溪流、浅水池塘及稻田中。

生态用途：

浮水而行，犹如蛟龙戏水，可植于水边、湿地用于观赏。全草可入药，有清热利湿、解毒消肿的功效。

水竹叶

学名：*Murdannia triguetra*（Wall. ex C. B. Clarke）G. Bruckn.

别名：鸡舌草、鸡舌癀

科属：鸭跖草科水竹叶属

形态特征：

  一年生或多年生挺水或湿生草本植物。植株匍匐或直立生长，具长而横走根状茎，根状茎具叶鞘，节间长约6厘米，节上具细长须状根。叶互生，线状披针形或卵状披针形，似竹叶，长3~5厘米，宽0.5~0.8厘米，先端渐尖，无柄，具叶鞘，边缘有毛。花顶生，花萼3枚，花瓣3枚，粉红色，椭圆形，稍长于萼片。蒴果椭圆形。

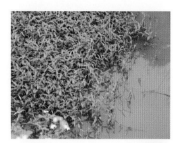

分布习性：

  分布于华南、西南、中南及华东等，印度至越南、老挝、柬埔寨也有分布。多生于阴湿地、水稻田中或水边，适应性强，喜温暖湿润环境。

生态用途：

  良好的观叶、观花植物。全草可作饲料，嫩叶可食用。全草可入药，具有清热、利尿、消肿、解毒的功效。

竹节菜

学名：*Commelina diffusa* Burm. f.

别名：竹叶菜、竹节草、鸭跖草

科属：鸭跖草科鸭跖草属

形态特征：

多年生半湿生草本植物。茎匍匐，多分枝，茎上有节，节生不定根。叶无柄，具叶鞘，叶鞘边缘有毛，叶卵形至披针形，长3~7厘米，宽0.5~3厘米，先端尖，形如竹叶。花序顶生，3~4朵生于一花苞内，花浅蓝色，花瓣3枚，侧面2枚较大，如蛾形，可孕雄蕊3枚。蒴果矩圆状三棱形；种子黑色。花、果期5—11月。

分布习性：

分布于世界热带、亚热带地区。生于低海拔地区的水田、沟渠、湿地或溪边等潮湿或半潮湿地方，适应性强，喜温暖湿润，喜弱光，在全光照或半阴环境下都能生长。

生态用途：

常见于湿地。全草可入药，有清热解毒、利尿消肿等功效。花汁可作青色颜料，用于绘画。

异叶水蓑衣

学名：*Hygrophila difformis*（L. f.）Blume

别名：水罗兰

科属：爵床科水蓑衣属

形态特征：

　　多年生挺水或沉水草本植物。株高 10~35 厘米，全株密生腺毛，以茎部最密。叶二型，挺水叶椭圆形，绿色，粗锯齿；沉水叶呈羽状深裂，青黄色。由于沉水叶与挺水叶形状不同，故名"异叶水蓑衣"。花冠苍紫色，唇形，腋生。花期春、秋季。

分布习性：

　　原产东南亚及印度，现中国有引种栽培。生于溪流、河沟、池塘等水域，水陆两生。

生态用途：

　　植株丛生，齐整，小花单生于叶腋，星星点点与绿叶相互映衬，生机盎然，可片植于湖泊、水塘的岸边浅水区域，形成整齐划一的翠绿生态小景观，也可水族箱栽植供观赏。

沉水叶呈羽状深裂

翠芦莉

学名：*Ruellia brittoniana* Leonard

别名：蓝花草

科属：爵床科单药花属

形态特征：

　　多年生湿生常绿小灌木。株高 20~60 厘米，茎略呈方形，红褐色。单叶对生，线状披针形，叶暗绿色，新叶及叶柄常呈紫红色，叶全缘或疏锯齿。花腋生，花径 3~5 厘米，花冠漏斗状，5 裂，具放射状条纹，细波浪状，多数蓝紫色，少数粉色或白色。果实为长形蒴果。花期 3—10 月，花期极长，花谢花开。

分布习性：

　　原产墨西哥，现广泛分布于东南亚地区和中国南方地区。喜高温、湿润环境，尤其是耐湿及耐高温能力强。

生态用途：

　　适应性强，花色美丽，花姿优雅，花期持久，可种植在溪水旁或树荫下，也是布置花坛的理想材料。

翼茎阔苞菊

学名：*Pluchea sagittalis*（Lam.）Cabera

科属：菊科阔苞菊属

形态特征：

　　一年生湿生草本植物。株高达 100 厘米，茎直立，全株具浓厚的芳香气味，且被浓密的茸毛，最明显的特征是自叶基部向下延伸到茎部的翼。叶为广披针形，上下两面具茸毛，互生，无柄，具尖锐的锯齿缘。花序顶生或腋生，呈伞房花序状，具异型小花，花托扁平，光滑，外层雌花多数，中央两性花 50~60 枚，花冠白色，顶端渐紫色。花果期 3—10 月。

分布习性：

　　原产南美洲，美国东南沿海有逸生，在广州归化为野生植物。生于海边湿润肥沃的沙土或草地上。

生态用途：

　　田间杂草。在原产地是传统的药用植物，用来治疗消化系统疾病。

姜花

学名：*Hedychium coronarium* J. Koen.

别名：蝴蝶花、白草果

科属：姜科姜花属

形态特征：

多年生常绿湿生草本植物。株高100~200厘米。叶序互生，叶片长圆状披针形或披针形。穗状花序顶生，椭圆形，苞片呈覆瓦状排列，卵圆形，花萼管状，花芳香，白色。花期3—12月。

分布习性：

原产亚洲热带地区，四川、云南、广西、广东、湖南和台湾有分布。多生于林下湿地，喜冬季温暖、夏季湿润环境，抗旱能力差。

生态用途：

花美丽，有无比清新的香味，放于室内可作天然的空气清新器。除庭院、池边栽培外，常作切花栽培，亦可浸提姜花香精。根茎可入药，有解表、散风寒、治头痛、治风湿痛及跌打损伤等功效。

花叶艳山姜

学名：*Alpinia zerumbet*（Pers.）Burtt et Smith cv.'Variegata'

别名：花叶良姜、彩叶姜

科属：姜科山姜属

形态特征：

　　多年生湿生草本观叶植物，为艳山姜的园艺栽培种。株高 200~300 厘米，根茎横生，肉质。叶革质，有短柄，短圆状披针形，叶面深绿色，并有金黄色纵斑纹、斑块，富有光泽。圆锥花序呈总状花序式下垂，花序轴紫红色，苞片白色，边缘黄色，顶部及基部粉红色，花弯近钟状，花冠白色。花期 6—7 月。

分布习性：

　　原产中国和印度，主要分布在中国东南部至西南部各省区。喜高温高湿环境，喜光照，耐半阴，不耐寒，宜在肥沃而保湿性好的土壤中生长。

生态用途：

　　叶片宽大，色彩艳丽，花姿优美，花香清纯，是很有观赏价值的观叶、观花植物，种植在溪水旁或树荫下，又能给人回归自然、享受野趣的快乐。根茎、果实可药用。

水鬼蕉

学名：*Hymenocallis littoralis*（Jacq.）Salisb.

别名：美洲水鬼蕉、蜘蛛兰、蜘蛛百合

科属：石蒜科水鬼蕉属

形态特征：

　　多年生湿生草本植物。叶基生，倒披针形。花葶硬而扁平，实心，伞形花序，3~8朵小花着生于茎顶，无柄，花径可达20厘米，花被筒长裂，一般呈线形或披针形，花白色，有香气。花期夏、秋季。

分布习性：

　　原产美洲热带地区。喜温暖、潮湿环境，不耐寒。

生态用途：

　　叶姿健美，花形别致，花色洁白，可种植在溪水旁或树荫下。

水仙花

学名：*Narcissus tazetta* L. var. *chinensis* Roem.

别名：凌波仙子

科属：石蒜科水仙属

形态特征：

多年生水生草本花卉。鳞茎卵球形。叶宽线形，扁平，长 20~40 厘米，宽 8~15 毫米，钝头，全缘，粉绿色。花茎几与叶等长，伞形花序，有花 4~8 朵，花被裂片 6 枚，卵圆形至阔椭圆形，白色，芳香，副花冠浅杯状，淡黄色，长不及花被的一半。花期春季。

分布习性：

原产亚洲东部的海滨温暖地区，浙江、福建沿海岛屿有野生。

生态用途：

著名的水生花卉，其独具天然丽质，芬芳清新，素洁幽雅，超凡脱俗。自古以来人们就将其与兰花、菊花、菖蒲并列为"花草四雅"；又将其与梅花、山茶花、迎春花并列为"雪中四友"。园林中可栽于人工池塘、庭院水景中。

鹤望兰

学名：*Strelitzia reginae* Aiton

别名：天堂鸟

科属：旅人蕉科鹤望兰属

形态特征：

多年生湿生或陆生常绿草本花卉。株高 100~200 厘米，茎极短，丛生，无主干，有粗壮肉质根。叶长椭圆形或卵状长椭圆形，对生，革质，灰绿色，叶柄比叶片长 2~3 倍，中央有纵槽沟。总花梗自叶腋内抽出，与叶近等长或略短，总苞片佛焰状，绿色，边缘有紫红晕，每花梗有小花 6~8 朵，依次开放，排列成蝎尾状，着生在总苞片上，花大，两性，两侧对称，外花被片 3 枚，橙黄色，内花被片 3 枚，舌状，天蓝色，雄蕊与花瓣等长。蒴果。全年开花不断。

分布习性：

原产南非。喜温暖湿润环境，怕霜雪。

生态用途：

叶大姿美，花形奇特，色彩夺目，宛如仙鹤翘首远望，故名"鹤望兰"，是大型盆栽名贵观赏和切花花卉，素有"鲜切花之王"的美誉，在南方常栽于庭院或水边，颇增天然景趣。

普通针毛蕨

学名：*Macrothelypteris torresiana*（Gaud.）Ching

别名：华南金星蕨

科属：金星蕨科针毛蕨属

形态特征：

  株高 60~150 厘米。根状茎短，直立或斜升，顶端密被红棕色、有毛的线状披针形鳞片。叶簇生，叶柄长 30~70 厘米、粗 3~5 毫米，灰绿色，干后禾秆色，基部被短毛，向上近光滑，叶片长 30~80 厘米、下部宽 20~50 厘米，三角状卵形，先端渐尖并羽裂，基部不变狭，三回羽状，羽片约 15 对，近对生，斜上。孢子囊群小，圆形，每裂片 2~6 对，生于侧脉的近顶部。

分布习性：

  分布于中国、缅甸、尼泊尔、不丹、印度、越南、日本、菲律宾、印度尼西亚、澳大利亚及美洲热带和亚热带地区，广布于中国长江以南各省区。生于山谷潮湿处，从海岸起上到海拔 1 000 米。

生态用途：

  叶色青翠，姿态优美，可附植于石壁、假山作点缀。

蜈蚣蕨

学名：*Pteris vittata* L.

别名：长叶甘草蕨

科属：凤尾蕨科凤尾蕨属

形态特征：

　　根状茎短，被线状披针形、黄棕色鳞片，具网状中柱。叶丛生，直立，干后棕色，叶柄、叶轴及羽轴均被线形鳞片，叶矩圆形至披针形，羽状复叶，羽片无柄，线形，叶亚革质，两面无毛。孢子囊群线形，囊群盖狭线形，膜质，褐黄色。

分布习性：

　　广泛分布于中国热带、亚热带地区，分布陕西、甘肃、河南、湖北、湖南、江西、浙江、福建、台湾及华南、西南各地。生于墙上或石隙间的钙质土或石灰岩上，海拔 2 000 米以下。

生态用途：

　　可作园林观赏蕨类。全草可入药，有祛风、杀虫、治疥疮的功效。

肾蕨

学名：*Nephrolepis auriculata*（L.）Trimen

别名：圆羊齿、篦子草、凤凰蛋、蜈蚣草

科属：肾蕨科肾蕨属

形态特征：

　　根状茎直立，下部有粗铁丝状的匍匐茎向四方横展，匍匐茎上生有近圆形的块茎。叶簇生，柄长6~11厘米，粗2~3毫米，叶片线状披针形或狭披针形，一回羽状，羽状多数，45~120对，互生，常密集而呈覆瓦状排列。子囊群成一行位于主脉两侧，肾形，少有为圆肾形或近圆形。

分布习性：

　　原产热带和亚热带地区，中国华南各地山地林缘有野生。常地生和附生于溪边林下的石缝中和树干上，喜温暖潮润和半阴环境，忌阳光直射，喜疏松土壤。

生态用途：

　　叶姿细致柔美，叶色绿意盎然，颇富野趣，是国内外广泛应用的观赏蕨类。除园林应用外，肾蕨还是传统的中药材。

五、湿生木本植物

湿生植物也称滨水植物或水缘植物，根系常扎在潮湿的土壤中，生长于水边，耐水湿，从浅水处到水边的泥土里都可以生长。水缘植物的品种非常多，分为草本植物和木本植物，草本植物前边已有介绍，木本植物常见的有水杉、池杉等。

湿生植物除了有观赏作用，还能净化水质和美化环境，也为鸟类和其他光顾水边的动物提供藏身之处。

落羽杉

学名：*Taxodium distichum*（L.）Rich.

别名：落羽松

科属：杉科落羽杉属

形态特征：

  水生或湿生高大乔木植物。树高 25~50 米。树干尖削度大，树干基部通常膨大，通常有屈膝状的呼吸根，树皮棕色，裂成长条片脱落，枝条水平开展，幼树树冠圆锥形，老则呈宽圆锥状，新生幼枝绿色，到冬季则变为棕色。叶羽状，螺旋状排列，散生，夏季由初时的嫩绿变成深绿，秋冬季则由绿变黄再变为古铜色，极为秀丽。球果；种子不规则三角形。果期 10 月。

分布习性：

  原产北美洲，世界各地有引种。常生于平原地区及湖边、河岸、水网地区，喜温暖湿润及阳光充足环境，耐低温，耐盐碱，耐水淹。

生态用途：

  树形优美，羽状的叶丛极为秀丽，入秋后树叶变为古铜色，是良好的秋季观叶树种，也是优美的庭园、道路绿化树种，由其耐水湿，抗污染，生长快，也可作防风护岸林。

池杉

学名：*Taxodium ascendens* Brongn.

别名：池柏

科属：杉科落羽杉属

形态特征：

　　水生或湿生落叶乔木植物。株高达 25 米，主干挺直，树冠尖塔形，树皮纵裂成长条片而脱落，树干基部膨大，通常有屈膝状的呼吸根，枝条向上形成狭窄的树冠，形状优美。叶钻形，在枝上螺旋伸展。球果圆球形。花期 3—4 月；果期 10 月。

分布习性：

　　原产北美洲东南部，中国于 20 世纪初引种，现已在许多水网地区作为重要的造林树种。多生于沼泽地和水湿地。

生态用途：

　　树形秀丽，枝叶秀丽，秋季叶棕褐色，是观赏价值很高的园林及滩涂湿地树种，因其耐水湿，也可作为固堤护岸树种。

水杉

学名：*Metasequoia glyptostroboides* Hu & W. C. Cheng

别名：梳子杉

科属：杉科水杉属

形态特征：

　　落叶乔木，两栖植物。株高达 25 米，树干基部常膨大，树皮灰色、灰褐色或暗灰色，幼树树皮裂成薄片脱落，大树树皮裂成长条状脱落，内皮淡紫褐色，枝斜展，小枝下垂，幼树树冠尖塔形，老树树冠广圆形，枝叶稀疏，小枝对生，下垂。叶线形，交互对生，假二列，羽状。雌雄同株。球果下垂，近球形。

分布习性：

　　北京以南各地均有栽培。多生于山谷或山麓附近地势平缓、土层深厚、湿润或稍有积水的地方，适应性强，喜温暖湿润，耐寒性强，耐水湿能力强。

生态用途：

　　有"活化石"之称，是秋季观叶树种。在园林中最适于列植，也可丛植、片植，可用于堤岸、湖滨、池畔、庭院等绿化，也可成片栽植营造风景林。水杉对二氧化硫有一定的抵抗能力，是工矿区绿化的优良树种。

水松

学名：*Glyptostrobus pensilis*（Staunt. ex D. Don）K. Koch

别名：水石松

科属：杉科水松属

形态特征：

　　半常绿湿生乔木植物。株高 8~10 米，稀高达 25 米。树干基部膨大成柱槽状，并且有伸出土面或水面的吸收根，柱槽高达 70 厘米，干基直径 60~120 厘米，树干有扭纹，树皮褐色或灰白色带褐色，纵裂成不规则的长条片，枝条稀疏，大枝近平展，上部枝条斜伸。叶多型：鳞形叶较厚或背腹隆起，螺旋状着生于主枝上，长约 2 毫米，有白色气孔点，冬季不脱落；条形叶两侧扁平，薄，常列成二列，先端尖，基部渐窄，条形叶及条状钻形叶均于冬季连同侧生短枝一同脱落。球果倒卵圆形。

分布习性：

　　原产中国，为中国特有的珍稀濒危树种，零星分布于广东（南部）、广西（南部）、福建等。生于湖边、河流两岸等湿地，喜光，喜温暖湿润环境，不耐低温。

生态用途：

　　中国特有的单种属植物，为古老树种的残存种，国家一级重点保护植物，对研究杉科植物的系统发育、古植物学及第四纪冰期气候等都有较重要的科学价值。其树形秀丽，极耐水湿，根系发达，可栽于河边、堤旁，作固堤护岸和防风之用，也可作庭园观赏树种。

水翁

学名：*Cleistocalyx operculatus*（Roxb.）Merr.

别名：水榕

科属：桃金娘科水翁属

形态特征：

　　常绿湿生乔木植物。株高达 15 米，树皮灰褐色，颇厚，树干多分枝，嫩枝压扁，有沟。叶片薄革质，长圆形至椭圆形，先端急尖或渐尖，基部阔楔形或略圆。圆锥花序生于无叶的老枝上，花无梗，2~3 朵簇生，花蕾卵形。浆果阔卵圆形，成熟时紫黑色。花期 5—6 月。

分布习性：

　　原产中国，分布于广东、广西、云南、海南，印度、越南、马来西亚、印度尼西亚及澳大利亚北部也有分布。多生于河流岸边、池塘水边等，喜温暖湿润环境，耐湿性强。

生态用途：

　　枝叶繁多苍翠，花多而洁白芳香，根系发达，能净化水源，有一定的抗污染能力，可用于园林观赏或护岸植物栽培。其还具有很高的医疗价值，皮、叶、花均可入药，有祛风、解表、消食等功效。

垂柳

学名：*Salix babylonica* L.

别名：柳树

科属：杨柳科柳属

形态特征：

　　半湿生高大落叶乔木植物。株高 12~18 米，树冠开展而疏散，树皮灰黑色，不规则开裂，枝细，下垂，淡黄褐色。叶互生，披针形或条状披针形，长 8~16 厘米，先端渐长尖，基部楔形，无毛或幼叶微有毛，具细锯齿，托叶披针形。花序先叶开放，或与叶同时开放，雌花柔荑花序比较细长，长可达 5 厘米，并且下垂，雄花序较粗短，长 2~4 厘米。花期 3—4 月；果期 4—6 月。

分布习性：

　　分布于长江流域与黄河流域，其他各地均有栽培，在亚洲、欧洲、美洲各国均有引种。喜光，喜温暖湿润环境，适生于潮湿深厚的酸性及中性土壤中，较耐寒，特耐水湿。

生态用途：

　　枝条细长，生长迅速，是园林绿化中常用的行道树，观赏价值较高，成本低廉，宜配植在水边，如桥头、池畔、河流、湖泊等水系沿岸处，与桃花间植可形成桃红柳绿之景，是江南园林春景的特色配植方式之一，也可作庭院树，亦适用于工厂绿化，还是固堤护岸的重要树种。

水蒲桃

学名：*Syzygium jambos*（L.）Alston

别名：蒲桃、香果

科属：桃金娘科蒲桃属

形态特征：

　　半湿生常绿乔木植物。株高约 10 米，主干极短，广分枝，小枝圆形。叶片革质，披针形或长圆形，叶面多透明细小腺点，网脉明显；聚伞花序顶生，有花数朵，花白色，花瓣分离，阔卵形，花柱与雄蕊等长。果实球形，果皮肉质，成熟时黄色，有油腺点。一年有多次开花、结果的习性。

分布习性：

　　原产东南亚，分布于广东、广西、贵州、云南、福建、台湾。适应性强，对土壤要求不高，耐湿，喜生长在河旁、溪边等近水地方。

生态用途：

　　树冠丰满浓郁，花、果、叶均可观赏，是湿润热带地区良好的果树、庭园绿化树，也可作防堤、防风树用。

莲雾

学名：*Syzygium samarangense* Merr. et Perry

别名：洋蒲桃

科属：桃金娘科蒲桃属

形态特征：

多年生常绿乔木植物。株高达 12 米，嫩枝压扁。叶片薄革质，椭圆形至长圆形，叶柄极短。聚伞花序顶生或腋生，长 5~6 厘米，有花数朵，花白色，雄蕊极多，花柱长。果实梨形或圆锥形，肉质，洋红色，顶部凹陷，有宿存的肉质萼片。一年有多次开花、结果的习性。

分布习性：

原产马来半岛、安达曼群岛，台湾、海南、广东、广西、福建和云南先后引种，目前栽培仍少。喜温，怕寒，最适生长温度 25~30℃。

生态用途：

树姿优美，花期长，花浓香，花形美丽，挂果期可长达 1 个月，是著名的热带果树、庭园绿化树和蜜源树，常作庭园观赏栽培。

叶

果可食用

水石榕

学名：*Elaeocarpus hainanensis* Oliver

别名：海南杜英

科属：杜英科杜英属

形态特征：

　　半湿生常绿小乔木植物。株高达 8 米，树冠整齐成层，具假单轴分枝，树冠宽广。叶聚生于枝端，革质，狭倒披针形，先端尖，基部楔形，幼时上下两面均秃净，老叶上面深绿色，下面浅绿色。总状花序生于当年枝的叶腋内，苞片叶状，无柄，卵形，花冠白色，花瓣边缘流苏状。核果纺锤形。花期 6—7 月。

分布习性：

　　分布于海南、广西南部及云南东南部，在越南、泰国也有分布。生于低湿处及山谷水边，喜高温多湿环境，喜半阴，不耐干旱，喜湿但不耐积水，须植于湿润而排水良好土壤，抗风力强。

生态用途：

　　分枝多而密，形成圆锥形的树冠，花期长，花冠洁白淡雅，为常见的木本花卉，适宜作庭园风景树，在路边、水岸边或庭园一隅栽培观赏。

花

叶

红刺露兜树

学名：*Pandanus utilis* Bory

别名：红刺林投、红章鱼树、扇叶露兜树

科属：露兜树科露兜树属

形态特征：

常绿小乔木植物。株高 2~4 米，常左右扭曲，具多分枝或不分枝的气根。叶簇生茎顶，带状，革质，紧密螺旋状着生，具白粉，边缘或叶背面中脉有红色锐刺。花单性异株，雄花排成穗状花序，无花被，雌花排成紧密的椭圆状穗状花序，花稠密，芳香。聚花果椭圆形，由若干个小核果组成，向下悬垂。花期 1—5 月。

分布习性：

原产马达加斯加，中国南方地区有栽培。喜光，喜高温多湿环境，适生于海岸沙地，不耐寒，稍耐阴。

生态用途：

叶多稠密，株形美观，果大奇特，状似菠萝，观赏性强，适于公园、绿地的滨水崖边栽培观赏，也是很好的滩涂、海滨固沙树种。

六、海生植物

海生植物一般生长于海水中（部分也可在淡水中生长），并能扩展分布到海滩沙砾、岩石和烂泥沼泽上，也称红树林（Mangrove forest），常见的有秋茄树、无瓣海桑等。

海生植物是热带、亚热带海岸及河口潮间带特有的森林植被，植物资源丰富，为鱼、虾、蟹类提供生活场所，为湿地鸟类提供栖息地，在防风护堤、稳定沉积、扩大滩涂方面起很大作用，有重要的生态效益。

蜡烛果

学名：*Aegiceras corniculatum*（L.）Blanco

别名：黑脚梗、黑榄、黑枝、红萠、浪柴、桐花树

科属：紫金牛科蜡烛果属

形态特征：

　　水生常绿灌木或小乔木植物。株高 1~4.5 米。花两性，伞形花序顶生或腋生，花冠白色，钟状。蒴果，圆柱形，新月状弯曲。花期 12 月至翌年 2 月。

分布习性：

　　分布于广东、广西、福建、海南及南海诸岛，印度、菲律宾及澳大利亚南部均有分布。生于海边潮水涨落的淤泥滩涂上，对盐度的适应性很广，多单独组成群落，也常与其他树种混生。

生态用途：

　　热带海岸滩涂红树林内常见的树种之一，可用于防浪护堤。树皮含鞣质，可制栲胶。花为蜜源。

秋茄树

学名：*Kandelia candel*（L.）Druce

别名：水笔仔

科属：红树科秋茄树属

形态特征：

　　灌木或小乔木植物。株高 2~3 米，树皮平滑，红褐色，枝粗壮，有膨大的节。叶椭圆形、矩圆状椭圆形或近倒卵形，顶端钝形或浑圆，基部阔楔形，全缘，叶脉不明显，叶柄粗壮。二歧聚伞花序，花瓣白色。果实圆锥形，形状似笔，成熟后跟茄子非常相似。花果期几全年。有"胎生苗"的特别生长功能，果实还挂在树上时，种子已长出胚根，果实落下时，尖的胚根会插进泥土内。

分布习性：

　　分布甚广，西起印度、缅甸，穿越中国南海，东迄日本南部，中国分布于广东、广西、福建、台湾。生于浅海和河流出口冲积带的盐滩。

生态用途：

　　红树林的常见树种，既适于生长在盐度较高的海滩，又能生长于淡水泛滥的地区，且能耐淹，往往在涨潮时淹没过半或几达顶端而无碍。

木榄

学名：*Bruguiera gymnorrhiza*（L.）Poir.

别名：五梨蛟

科属：红树科木榄属

形态特征：

　　常绿乔木植物。具膝状呼吸根及支柱根。树皮灰色至黑色，内部紫红色。叶对生，具长柄，革质，长椭圆形，先端尖。单花腋生，具胎生现象，胚轴红色，繁殖体呈圆锥形，萼筒紫红色，钟形，常作 8~12 深裂，花瓣与花萼裂片同数，雄蕊约 20 枚。

分布习性：

　　分布于广东、广西、福建、台湾及其沿海岛屿。喜生长于稍微干旱、空气流通的浅滩，多散生于秋茄树的灌丛中。

生态用途：

　　本种是构成中国红树林的优势树种之一。

无瓣海桑

学名：*Sonneratia apetala* Buch.-Ham.

别名：海柚

科属：海桑科海桑属

形态特征：

　　水生常绿乔木植物。株高 15~20 米，主干圆柱形，有笋状呼吸根伸出水面，茎干灰色，幼时浅绿色，小枝纤细下垂，有隆起的节。叶对生，厚革质，椭圆形至长椭圆形，叶柄淡绿色至粉红色。总状花序，花瓣缺，雄蕊多数，花丝白色，柱头蘑菇状。浆果球形。果期 9—10 月。

分布习性：

　　原产孟加拉国，现引种至中国的海南、广东深圳湾等地，长势良好。

生态用途：

　　为红树林群落的一员，起守卫海岸、维持地球生态系统平衡的作用。

附录｜ 中文名索引

附录 II　拉丁学名索引